Der Spannungsabfall des synchronen Drehstrom-Generators bei unsymmetrischer Belastung.

Von

Dr.=Ing. Louis Gustaaf Stokvis

Diplom-Ingenieur

Mit 25 in den Text gedruckten Abbildungen

München und Berlin

Druck und Verlag von R. Oldenbourg

1912

Meinen lieben Eltern

sei diese Arbeit

in Ehrfurcht und Dankbarkeit

gewidmet.

Der Verfasser.

Vorwort und Einleitung.

Es möge vielleicht erscheinen, als ob der Verfasser dieses Werkchens ein Gebiet betreten habe, welches recht wenig praktische Anwendung finden könne: Strebt man in der Praxis doch immer aus Wirtschaftlichkeitsrücksichten eine möglichst symmetrische Belastung an!

Wenn auch die praktische Bedeutung eine recht geringe wäre, so enthielte dies, meiner Ansicht nach, noch nicht immer unbedingt einen Vorwurf.

Ermöglicht eine Theorie, wenn auch keine direkte praktische Nutzanwendung angegeben werden kann — was hier keineswegs der Fall ist! — einen Einblick in oder einen Überblick über bis jetzt bekannte Maschinengattungen, indem sie vertieft oder verbindet, oder stellt sie den allgemeinsten Fall eines in der Praxis immer auftretenden Spezialfalles dar, so lassen sich dennoch die Aufwendungen an Zeit und Geld rechtfertigen.

Der s y m m e t r i s c h belastete Generator stellt aber nichts anderes dar, wie einen Spezialfall des allgemeinsten Falles des u n s y m m e t r i s c h belasteten Generators, und aus der in diesem Werkchen entwickelten Theorie muß sich also ohne weiteres die übliche Theorie des symmetrisch belasteten Generators ableiten lassen.

Diese Möglichkeit ist jedoch noch keineswegs eine Gewähr für die Richtigkeit der Theorie, obwohl die Wahrscheinlichkeit derselben zunimmt.

Anderseits aber führt, wenn wir eine Phasenzuleitung öffnen, diese am weitesten getriebene Unsymmetrie zu dem

Einphasengenerator. Auch dieser Fall muß in der behandelten Theorie mitenthalten sein.

Der Einphasengenerator wurde eingehend untersucht von Dr.-Ing. Max Wengner (Theoretische und experimentelle Untersuchungen an der synchronen Einphasenmaschine. R. Oldenbourg, München und Berlin 1910). Diese Arbeit wird kurzweg in dieser Schrift mit »Wengner« zitiert werden.

In der Tat lassen sich die in dieser Arbeit enthaltenen Resultate mit der hier entwickelten Theorie ungezwungen in Einklang bringen.

Auf genannte wichtige Spezialfälle der allgemeinen Theorie wird verschiedentlich hingewiesen werden.

Was nun den theoretischen Teil betrifft, so bekommt man dort einen Einblick in die Verwandtschaft zwischen Drei- und Einphasengenerator, indem der unsymmetrisch belastete Generator die Verbindungsbrücke bildet. Ober besser noch: die hier entwickelte Theorie ist die hohe Warte, von der man den normalen Dreiphasen- wie den Einphasengenerator überschaut.

Von dort aus erkennt man, wie die charakteristischen Merkmale des Einphasengenerators, nämlich inverses Feld und dritte Spannungsharmonische, mit dem Belastungsausgleich allmählich schwinden, und weshalb erst bei ziemlich großen Unterschieden der Ströme nach Richtung und Größe, die Spannungsabfälle einen unzulässigen Betrag überschreiten. — Dies ist übrigens der Grund, weshalb man nicht schon früher an die Beantwortung dieser naheliegenden Frage herantrat: man wußte aus der Erfahrung, daß ein nicht zu stark unsymmetrisch belasteter Generator dennoch kaum nennenswerte Spannungsabfälle zeigt. Es war deshalb kein zwingender Grund vorhanden, die Verhältnisse näher zu untersuchen.

Nachdem aber durch die Vervollkommnung der Einphasenkollektormotoren der Einphasengenerator mehr und mehr in den Vordergrund des Interesses trat, und die Untersuchung dessen Eigenschaften interessante Tatsachen, wie die dritte Spannungsharmonische, zutage förderte, war es naheliegend, auch den nächsten Verwandten des Einphasengenerators, den unsymmetrisch belasteten Synchrongenerator, zu untersuchen.

Aber auch die immer mehr und mehr der Vervollkommnung
zustrebenden Einphasenkollektormotoren selbst, welche ihrer
Seriencharakteristik wegen im Kranbetrieb und ähnlichem einer
sich stetig ausbreitenden Verwendung erfreuen, verleihen dieser
Arbeit eine praktische Bedeutung.

Liegt nämlich ein schon vorhandenes Drehstromnetz
vor, oder ist mit Rücksicht auf anzuschließende Drehstrom-
asynchronmotoren dieses System gewählt, so kommen Fälle
vor, in denen der Anschluß von einem oder mehreren Einphasenkollektormotoren in Erwägung gezogen wird. Haben diese
Motoren nun intermittierenden Betrieb (wie z. B. bei Kranen),
so können zeitweise sehr große Unsymmetrien auftreten, sogar
wenn man bei der Projektierung eine möglichst gleichmäßige
Verteilung dieser Motoren angestrebt hat. Durch diese Unsymmetrien aber können die Netzspannungen bedeutend schwan-
ken. Hat das Netz nun auch gleichzeitig Lampen zu versorgen,
so könnte durch die Spannungsunterschiede eine Zerstörung
der Lampen eintreten. Auch werden durch große Unsymmetrien
die Motoren ungünstig beeinflußt und können, wenn sie voll
belastet sind, abschnappen.

Die Pflicht des projektierenden Ingenieurs ist nun aber,
den ungünstigsten Fall vorauszusehen und die Zulässigkeit
von Anschlüssen, wie oben erwähnt, zu prüfen, damit wieder-
holter Geldaufwand für Lampen vermieden und die Wirkungsweise anderer Maschinen nicht beeinträchtigt wird.

Der gleiche Fall tritt ein, wenn z. B. ein elektrischer Ofen
an ein Drehstromlichtnetz angeschlossen werden soll. Oder
es kann sich darum handeln, die Zulässigkeit des Löschens
großer Netzteile zu prüfen usw.

Vorliegende Arbeit gestattet nun, die Kenntnis der Netz-
und Maschinenkonstanten vorausgesetzt, den Spannungsabfall
für irgendwelche Strömekombination mit praktisch völlig
hinreichender Genauigkeit rasch zu bestimmen, und zwar
nach einem einfachen graphischen Verfahren.

Auf Überlegungen, welche zwar auf das Resultat keinen
wesentlichen Einfluß ausüben, jedoch für das Verständnis
der Vorgänge in der Maschine von höchster Wichtigkeit sind,
wurde nicht verzichtet. Denn der Zweck dieser Arbeit war

nicht nur, in brauchbarer Form den Spannungsabfall zu ermitteln, sondern möglichst erschöpfend die tatsächlich auftretenden Verhältnisse zu erforschen, selbst dann, wenn sie für
die Praxis in normalen Fällen vernachlässigbar sind. Eine
Arbeit, welche nur auf die praktischen Bedürfnisse zugeschnitten
wäre, d. h. sich den normalen Umständen möglichst anpassen
würde, ohne die möglicherweise auftretenden anormalen Fälle
zu berücksichtigen (was eine erschöpfende Theorie leisten muß),
könnte unter Umständen recht — unpraktisch sein. Aus
diesem Grunde wurden, trotz ihres geringen Einflusses, die
Spannungen des inversen Feldes eingehend untersucht und an
anderer Stelle die Vernachlässigbarkeit der höheren inversen
Ankerfeldharmonischen bewiesen.

München, März 1912.

Louis Gustaaf Stokvis.

A. Theoretischer Teil.

---

§ 1. Die pulsierenden Ankerfelder als Drehfelder.

Es sei die Wicklung einer Drehstrommaschine in Stern[1]) geschaltet. Wir denken uns in der Folge das Magnetsystem nach l i n k s bewegt und die Ankerwicklung r u h e n d.

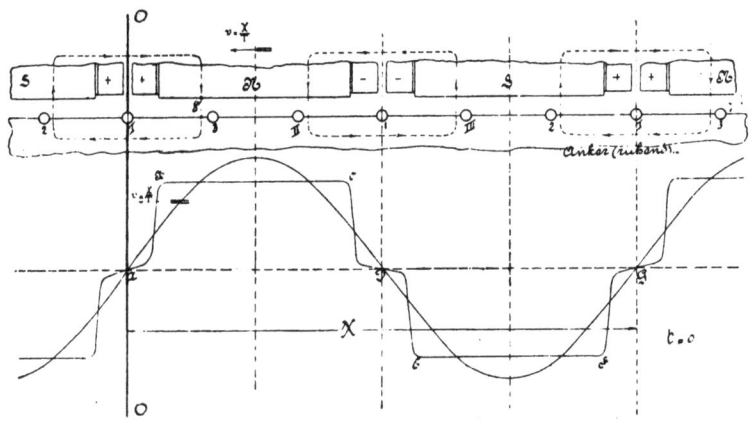

Fig. 1.

Dies ist gleichbedeutend mit einer Bewegung der Ankerwicklung nach r e c h t s in einem r u h e n d e n Felde. Dieses Feld, das Magnetfeld, hat die Form wie in Fig. 1 angegeben ist und wird dargestellt durch den Linienzug $A B C D$ usw.

Es sei nun X die Länge einer doppelten Polteilung in cm; X die Periode der oben erwähnten periodischen Funktion.

---

[1]) Die Dreieckschaltung wurde ihrer geringen praktischen Bedeutung wegen nicht untersucht.

Diese periodische Funktion können wir durch eine Fouriersche
Reihenentwicklung (worauf an dieser Stelle nicht näher einge-
gangen werden soll) in ihre »harmonischen Komponenten«
zerlegen. Da nun nach einer halben Periode sich die Ordinaten
mit dem negativen Vorzeichen wiederholen und außerdem
die Kurve in bezug auf ein Viertel der Periode symmetrisch
ist, kann gezeigt werden, daß die Gleichung dieser Kurve nur
u n gerade Sinusglieder enthalten kann.

Von allen diesen Sinusfeldern brauchen wir nur dasjenige
Sinusfeld in Betracht zu ziehen, welches die gleiche Periode
hat wie die ursprüngliche Funktion. Es tritt zwar noch ein
Feld auf mit ein Drittel dieser Periode und dieses Feld hat
eine nicht zu vernachlässigende Amplitude. Für die Erzeugung
einer E. M. K. kommt dieses Feld (Sternschaltung vorausgesetzt!) nicht in Betracht, weil sich die Ankerwicklung für
dasselbe·in Gegenschaltung befindet. Die fünfte, siebente usw.
Harmonische kommen wegen der Kleinheit ihrer Amplitude
und · des betreffenden Wicklungsfaktors nicht in Betracht.
Dies alles sei nur einleitend vorausgeschickt. Es soll nur der
Fall des Generators in Betracht gezogen werden.

Im Leerlauf erzeugt das Magnetfeld in den einzelnen
Phasen folgende E. M. K. K.:

$$e_1 = E_1 \sqrt{2} \cdot \sin\left(\frac{2\pi}{T} t \right) \quad . \quad . \quad . \quad . \quad (1\,a)$$

$$e_2 = E_2 \sqrt{2} \cdot \sin\left(\frac{2\pi}{T} t + \frac{2\pi}{3}\right) \quad . \quad . \quad . \quad (1\,b)$$

$$e_3 = E_3 \sqrt{2} \cdot \sin\left(\frac{2\pi}{T} t + 2\frac{2\pi}{3}\right) \quad . \quad . \quad . \quad (1\,c)$$

wenn:

e_1 = Momentanwert der E. M. K. in Phase I usw.,
E_1 = Effektivwert der E. M. K. in Phase I usw.,
T = Dauer einer einfachen elektrischen Schwingung
(Periodendauer) in Sekunden.

Die Gleichungen 1 a) bis 1 c) treffen nur dann zu, wenn
die Mittellinie der positiven Magnetamperewindungen zur Zeit

$t = 0$ durch die Nute I ging und sich nach links bewegt (0-0 in Fig. 1). Dies ist wohl zu merken, da diese Tatsache wiederholt als Richtpunkt bei den verschiedenen, nachher einzuführenden, Systemen dient. Die Geschwindigkeit, mit welcher das Magnetsystem über der Ankerwicklung hinwegeilt, wird gefunden zu:

$$v = \frac{X}{T} \text{ cm sec}^{-1} \text{ nach links}$$

Da alle Phasen gleich gewickelt sind, wird naturgemäß:

$$E_1 = E_2 = E_3 = E$$

(Effektivwert der Leerlaufspannung).

Es mögen die Ströme, welche von diesen E. M. K. K. erzeugt werden, ihren betreffenden (inneren) Spannungen um beliebige Winkel v o r - bzw. n a c h eilen. Der Phasenverschiebungswinkel sei positiv bei N a c h eilung und negativ bei V o r eilung.

Im Diagramm gelte eine Bewegungsrichtung, welche dem Uhrzeigersinn e n t g e g e n g e s e t z t gerichtet ist, als positiv.

Es sollen nun die Ströme beliebig groß sein und nur eingeschränkt durch die Bedingung der Sternschaltung, daß ihre geometrische Summe gleich Null sein muß.

Wir erhalten dann (vgl. Fig. 2 a):

$$i_1 = I_1 \sqrt{2} \sin\left(\frac{2\pi}{T} t - \vartheta_1 \right) \quad \ldots \quad (2\,\text{a})$$

$$i_2 = I_2 \sqrt{2} \sin\left(\frac{2\pi}{T} t - \vartheta_2 + \frac{2\pi}{3}\right) \quad \ldots \quad (2\,\text{a})$$

$$i_3 = I_3 \sqrt{2} \sin\left(\frac{2\pi}{T} t - \vartheta_3 + 2\frac{2\pi}{3}\right) \quad \ldots \quad (2\,\text{c})$$

wobei:

i_1 = Momentanwert des Stromes in Phase I usw.,
I_1 = Effektivwert des Stromes in Phase I usw.,
ϑ_1 = innerer Phasenverschiebungswinkel in Phase I usw.

Für die folgenden Überlegungen wollen wir die drei Ströme
und die drei Phasenverschiebungen als bekannt annehmen.
Zu bemerken ist jedoch, daß diese sechs Größen nicht will-
kürlich gewählt werden dürfen.

Durch die Kenntnis von drei Strömen, welche, wie aus
der Kontinuitätsbedingung hervorgeht, die Summe Null ergeben

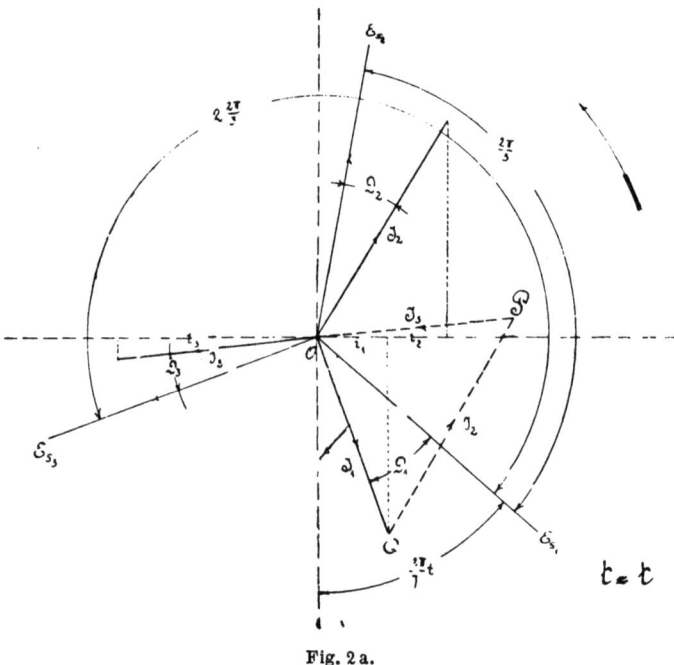

Fig. 2 a.

müssen, und einem Phasenverschiebungswinkel, sind die zwei
anderen Winkel mitbestimmt. Von den sechs Größen sind vier
unabhängig voneinander, die zwei anderen aus diesen bestimm-
bar. Die drei Ströme nun erzeugen, jeder für sich, Felder,
welche bei gleichem magnetischen Widerstand die Form
eines Rechtecks besitzen, falls die Ankerwicklung nur eine
Nute pro Pol und pro Phase aufweist. Fig. 2b verdeutlicht
dies. Bei nicht zu starken Sättigungen sind diese Felder außerdem den sie erzeugenden Strömen proportional und mit letzteren in Phase, falls man die meist geringen Eisenverluste vernachlässigt.

Diese Vernachlässigungen seien hier ausdrücklich hervorgehoben. Ohne dieselben ist die Theorie des symmetrisch wie des unsymmetrisch belasteten Generators nur mit großem Aufwand durchführbar. Sind die Zähne stark gesättigt, oder sind aus irgendwelchem Grunde große Eisenverluste zu erwarten, so können sich bedeutende Abweichungen ergeben.

Die Rechtecksfelder, welche nun ebenfalls periodische Funktionen sind mit der Periode X, können wir gleichfalls in harmonische Komponenten zerlegen. Die erste Harmonische hat die $\frac{4}{\pi}$ fache Amplitude der Höhe des Rechtecks.

In der Theorie des symmetrisch belasteten Generators wird gezeigt, daß die Amplituden der höheren Komponenten sehr rasch abnehmen, je mehr Nuten die Maschine pro Pol und pro Phase erhält. Bei allen modernen Maschinen unterscheiden sich die wirkliche Feldform und deren erste Harmonische kaum mehr voneinander. In Fig. 2 b sind die ersten Harmonischen der Ankerrechtecksfelder für die Zeit $t = t$ dargestellt.

Um zu einem Ausdruck für die momentane Höhe dieser Rechtecksfelder zu gelangen, denken wir uns den ganzen magnetischen Widerstand in einer Luftstrecke δ'' konzentriert.

Es erzeugt dann der Strom in Phase I eine M. M. K.:

$$\text{M. M. K.} = \frac{4\pi}{10} \cdot \frac{i_1 \, \mathfrak{w}}{\mathfrak{a}} \quad \ldots \quad \ldots \quad (3)$$

wenn:

$\mathfrak{w} =$ Anzahl der in Serie geschalteten Drähte pro Nute,

$\mathfrak{a} =$ Anzahl der parallelen Stromzweige.

Diese M. M. K. dient zur Überwindung des magnetischen Widerstandes bei A und bei B (vgl. Fig. 2 b), also für die Strecke $2\delta''$.

Bezeichnen wir nun die momentane Höhe des Rechtecksfeldes der Phase I mit y_1', dann ist:

$$y_1' \, 2\delta'' = \frac{4\pi}{10} \cdot \frac{i_1 \cdot \mathfrak{w}}{\mathfrak{a}} \quad \ldots \quad \ldots \quad (4a)$$

oder

$$y_1' = \frac{4\pi}{10} \cdot \frac{1}{2\,\delta''} \cdot \frac{i_1 \cdot w}{a} \quad \ldots \quad \text{(4b)}$$

Die Gleichung für die Amplitude der ersten Harmonischen dieses Rechtecksfeldes lautet folglich:

$$y_1' = \frac{4}{\pi} \cdot y_1' = \frac{16}{10} \cdot \frac{1}{2 \cdot \delta''} \cdot \frac{i_1 \cdot w}{a} \quad \ldots \quad \text{(5)}$$

Sind nun pro Pol und pro Phase $\mathfrak{z}$ Nuten vorhanden, dann addieren sich diese Sinusfelder geometrisch und wir haben

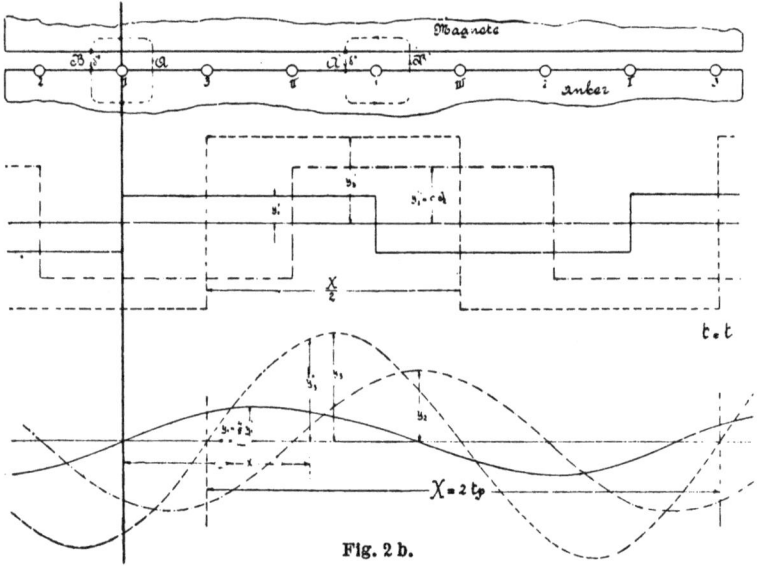

Fig. 2 b.

deshalb die arithmetische Summe mit dem bekannten Wicklungsfaktor für die betreffende Harmonische zu multiplizieren.

Der Ausdruck für diesen Faktor lautet allgemein (vgl. Starkstromtechnik, Ernst & Sohn, Berlin, I. Auflage, S. 510, weiterhin zitiert mit St. T.):

$$f_m = \frac{\sin\left(m \cdot \frac{\pi}{2} \cdot \frac{\mathfrak{z}}{\mathfrak{z}_0}\right)}{\mathfrak{z} \cdot \sin\left(m \cdot \frac{\pi}{2} \cdot \frac{1}{\mathfrak{z}_0}\right)} \quad \ldots \quad \text{(6)}$$

wenn:

m = die betreffende Harmonische,

$\mathfrak{z}$ = Nutenzahl pro Pol und pro Phase,

$\mathfrak{z}_0$ = Zahl der Nuten einer Polteilung.

Bezeichnen wir nun die Amplitude der Summe dieser $\mathfrak{z}$ Sinusfelder mit y_1 (wobei der Index 1 auf die Phase hindeutet), so erhalten wir:

$$y_1 = f_1 \cdot \mathfrak{z} \cdot y_1' = \frac{16}{10} \cdot \frac{1}{2\,\delta''} \left[f_1 \cdot \frac{\mathfrak{z} \cdot \mathfrak{w}}{a} \right] \cdot i_1 \quad . \quad . \quad (7\,\text{a})$$

oder

$$y_1 = \frac{16}{10} \cdot \frac{1}{2\,\delta''} \mathfrak{w}_1 \cdot i_1 \quad . \quad . \quad . \quad . \quad (7\,\text{b})$$

wenn

$$f_1 \cdot \frac{\mathfrak{z} \cdot \mathfrak{w}}{a} = \mathfrak{w}_1 \quad . \quad . \quad . \quad . \quad . \quad (8)$$

gesetzt wird.

Bezeichnen wir nun die Höchstwerte, welche diese Sinusfelder mit der Zeit erreichen können und welche ihren Phasenströmen direkt proportional sind, wie aus (7 b) hervorgeht, mit Y_1 für Phase I usw., dann erhalten wir:

$$Y_1 = \frac{16}{10} \cdot \frac{1}{2 \cdot \delta''} \cdot I_1 \cdot \sqrt{2} \cdot \mathfrak{w}_1 \quad . \quad . \quad . \quad (9\,\text{a})$$

$$Y_2 = \frac{16}{10} \cdot \frac{1}{2\,\delta''} \cdot I_2 \cdot \sqrt{2} \cdot \mathfrak{w}_1 \quad . \quad . \quad . \quad (9\,\text{b})$$

$$Y_3 = \frac{16}{10} \cdot \frac{1}{2\,\delta''} \cdot I_3 \cdot \sqrt{2} \cdot \mathfrak{w}_1 \quad . \quad . \quad . \quad (9\,\text{c})$$

Setzen wir nun:

$$\frac{16}{10} \cdot \frac{\sqrt{2}}{2\,\delta''} \cdot \mathfrak{w}_1 = c \quad . \quad . \quad . \quad . \quad . \quad (10)$$

dann lassen sich die Gl. 9 a) bis 9 c) anschreiben zu:

$$Y_1 = c \cdot I_1 \quad . \quad . \quad . \quad . \quad . \quad . \quad . \quad (11\,\text{a})$$
$$Y_2 = c \cdot I_2 \quad . \quad . \quad . \quad . \quad . \quad . \quad . \quad (11\,\text{b})$$
$$Y_3 = c \cdot I_3 \quad . \quad . \quad . \quad . \quad . \quad . \quad . \quad (11\,\text{c})$$

Wir wollen nun all diese pulsierenden Sinusfelder beziehen auf ein Koordinatensystem, welches durch die Nute I gelegt werden kann und welches also im Raume feststeht.

Mit dem Zeichen $\updownarrow$ deuten wir ein pulsierendes Stehfeld an, mit $\rightarrow$ ein rechtsdrehendes, mit $\leftarrow$ ein linksdrehendes Drehfeld.

Die Abszissen in dem Koordinatensystem seien mit x, die Ordinaten mit y'' bezeichnet.

Wir können dann aus Fig. 2 b ablesen:

$$\overset{\updownarrow}{y_1}{}'' = y_1 \cdot \sin\left(\frac{2\pi}{X} x \right) \qquad . \quad . \quad . \ (12\,\mathrm{a})$$

$$\overset{\updownarrow}{y_2}{}'' = y_2 \cdot \sin\left(\frac{2\pi}{X} x - \frac{2\pi}{3}\right) . \quad . \quad . \quad . \ (12\,\mathrm{b})$$

$$\overset{\updownarrow}{y_3}{}'' = y_3 \cdot \sin\left(\frac{2\pi}{X} x - 2\frac{2\pi}{3}\right) . \quad . \quad . \ (12\,\mathrm{c})$$

Hiermit ist die räumliche Verteilung der Ankerfelder festgelegt.

Setzen wir nun in Gl. 7 b) die Gl. 2 a bis c) ein, dann erhalten wir, im Zusammenhang mit Gl. 10):

$$y_1 = c \cdot I_1 \cdot \sin\left(\frac{2\pi}{T} t - \vartheta_1 \right) \qquad . \quad . \quad . \ (13\,\mathrm{a})$$

$$y_2 = c \cdot I_2 \cdot \sin\left(\frac{2\pi}{T} t - \vartheta_2 + \frac{2\pi}{3}\right) . \quad . \quad . \ (13\,\mathrm{b})$$

$$y_3 = c \cdot I_3 \cdot \sin\left(\frac{2\pi}{T} t - \vartheta_3 + 2\frac{2\pi}{3}\right) . \quad . \quad . \ (13\,\mathrm{c})$$

Hiermit ist nun auch die zeitliche Variation der Amplituden zum Ausdruck gekommen.

Durch Kombination von Gl. 12 a) bis c) mit Gl. 13 a) bis c) erhalten wir:

$$\updownarrow \\ y_1{}'' = c\, I_1 \sin\left(\frac{2\,\pi}{T}\,t - \vartheta_1 \qquad\right) \sin\left(\frac{2\,\pi}{X}\,x \qquad\cdot\right) \quad (14\,\mathrm{a})$$

$$\updownarrow \\ y_2{}'' = c\cdot I_2 \sin\left(\frac{2\,\pi}{T}\,t - \vartheta_2 + \frac{2\,\pi}{3}\right) \sin\left(\frac{2\,\pi}{X}\,x - \frac{2\,\pi}{3}\right) \quad (14\,\mathrm{b})$$

$$\updownarrow \\ y_3{}'' = c\cdot I_3 \sin\left(\frac{2\,\pi}{T}\,t - \vartheta_3 + 2\,\frac{2\,\pi}{3}\right) \sin\left(\frac{2\,\pi}{X}\,x - 2\,\frac{2\,\pi}{3}\right) \quad (14\,\mathrm{c})$$

Damit sind die Ankerphasenfelder räumlich und zeitlich festgelegt.

Die Interpretation dieser Gleichungen ist aber am leichtesten, falls man dieselbe nach der Formel

$$\sin \alpha \cdot \sin \beta = -\frac{1}{3}\left\{\cos(\alpha+\beta) - \cos(\alpha-\beta)\right\}$$

entwickelt.

Wir erhalten dann:

$$\updownarrow \\ y_1{}'' = -\frac{c}{2}\,I_1\left\{\cos\left(\frac{2\,\pi}{T}\,t - \vartheta_1 + \frac{2\,\pi}{X}\,x\right) + \right.$$
$$\left. -\cos\left(\frac{2\,\pi}{T}\,t - \vartheta_1 - \frac{2\,\pi}{X}\,x\right)\right\} \quad . \ (15\,\mathrm{a})$$

$$\updownarrow \\ y_2{}'' = -\frac{c}{2}\,I_2\left\{\cos\left(\frac{2\,\pi}{T}\,t - \vartheta_2 + \frac{2\,\pi}{X}\,x\right) + \right.$$
$$\left. -\cos\left(\frac{2\,\pi}{T}\,t - \vartheta_2 - \frac{2\,\pi}{X}\,x + 2\,\frac{2\,\pi}{3}\right)\right\} \quad . \ (15\,\mathrm{b})$$

$$\updownarrow \\ y_3{}'' = -\frac{c}{2}\,I_3\left\{\cos\left(\frac{2\,\pi}{T}\,t - \vartheta_3 + \frac{2\,\pi}{X}\,x\right) + \right.$$
$$\left. -\cos\left(\frac{2\,\pi}{T}\,t - \vartheta_3 - \frac{2\,\pi}{X}\,x + 4\,\frac{2\,\pi}{3}\right)\right\} \quad . \ (15\,\mathrm{c})$$

Wir setzen nun:

$$\overset{\leftarrow}{y_1{}''} = -\frac{c}{2}\,I_1\cos\left(\frac{2\pi}{T}\,t - \vartheta_1 + \frac{2\pi}{X}\,x\right) \quad \ldots \quad (16\,\mathrm{a})$$

$$\overset{\leftarrow}{y_2{}''} = -\frac{c}{2}\,I_2\cos\left(\frac{2\pi}{T}\,t - \vartheta_2 + \frac{2\pi}{X}\,x\right) \quad \ldots \quad (16\,\mathrm{b})$$

$$\overset{\leftarrow}{y_3{}''} = -\frac{c}{2}\,I_3\cos\left(\frac{2\pi}{T}\,t - \vartheta_3 + \frac{2\pi}{X}\,x\right) \quad \ldots \quad (16\,\mathrm{c})$$

und

$$\overset{\rightarrow}{y_1{}''} = +\frac{c}{2}\,I_1\cos\left(\frac{2\pi}{T}\,t - \vartheta_1 - \frac{2\pi}{X}\,x \qquad\right) . \;(17\,\mathrm{a})$$

$$\overset{\rightarrow}{y_2{}''} = +\frac{c}{2}\,I_2\cos\left(\frac{2\pi}{T}\,t - \vartheta_2 - \frac{2\pi}{X}\,x + 2\,\frac{2\pi}{3}\right) . \;(17\,\mathrm{b})$$

$$\overset{\rightarrow}{y_3{}''} = +\frac{c}{2}\,I_3\cos\left(\frac{2\pi}{T}\,t - \vartheta_3 - \frac{2\pi}{X}\,x + 4\,\frac{2\pi}{3}\right) . \;(17\,\mathrm{c})$$

Dann nehmen die Gl. (15 a bis c) durch Einsetzen der Werte aus Gl. (16 a bis 17 c) die Form an:

$$\overset{\updownarrow}{y_1{}''} = \overset{\leftarrow}{y_1{}''} + \overset{\rightarrow}{y_1{}''} \quad \ldots \ldots \quad (18\,\mathrm{a})$$

$$\overset{\updownarrow}{y_2{}''} = \overset{\leftarrow}{y_2{}''} + \overset{\rightarrow}{y_2{}''} \quad \ldots \ldots \quad (18\,\mathrm{b})$$

$$\overset{\updownarrow}{y_3{}''} = \overset{\leftarrow}{y_3{}''} + \overset{\rightarrow}{y_3{}''} \quad \ldots \ldots \quad (18\,\mathrm{c})$$

Dies nun sind die Gleichungen, welche wir ableiten wollten. Sie beziehen sich auf ein Koordinatensystem, welches durch die Nute I gelegt wurde, also zurzeit $t = 0$ mit der Mittellinie 0-0 der positiven Magnetamperewindungen zusammenfällt (vgl. S. 3).

Wie die Zeichen dies schon vermuten ließen, stellen die
(Gl. 16 a bis c) nichts anderes dar wie Drehfelder, welche mit
der Geschwindigkeit $v = \dfrac{X}{T}$ rotieren (vgl. ebenfalls S. 3).
Wir wollen diese Felder die synchronen Felder nennen. Sie
bewegen sich über der Ankerwicklung nach links. Wir merken
uns, daß die Relativgeschwindigkeit des Magnetrades diesen
Feldern gegenüber gleich Null ist.

Die (Gl. 17 a bis c) stellen Drehfelder dar, welche mit der
synchronen Geschwindigkeit nach rechts rotieren, deren Relativgeschwindigkeit zum Magnetrade also die doppelt synchrone
ist. Wir wollen diese Felder die inversen nennen.

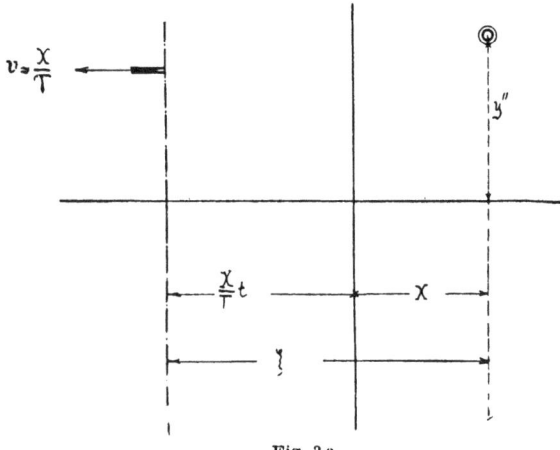

Fig. 3 a.

Daß diese Felder tatsächlich Drehfelder darstellen, kann
folgendermaßen bewiesen werden:

Denken wir uns das Koordinatensystem, welches zur
Zeit $t = 0$ mit der Nute I zusammenfällt, mit synchroner
Geschwindigkeit nach links bewegt, dann besteht, wie aus
Fig. 3 a ersichtlich ist, zwischen den Abszissen des alten
Systemes (x) und denjenigen des neuen Systemes (ξ), die Be-
ziehung:

$$x = \xi - \frac{X}{T} t \quad . \quad . \quad . \quad . \quad . \quad . \quad (19\,\text{a})$$

Für ein System, welches sich mit der Geschwindigkeit $v = \dfrac{X}{T}$ nach rechts bewegt und dessen Abszissen ξ' seien, finden wir (vgl. Fig. 3 b):

$$x = \xi' + \frac{X}{T} t \quad \ldots \ldots \ldots (19\,\mathrm{b})$$

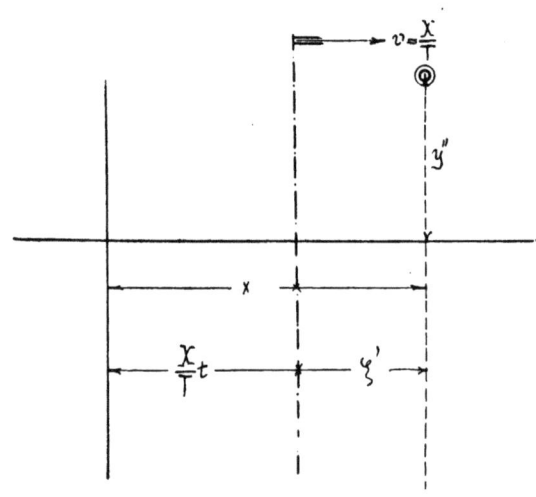

Fig. 3 b.

Setzen wir nun Gl. (19 a) in (16 a bis c) ein, dann erhalten wir:

$$y_{s_1} = -\frac{c}{2} I_1 \cos\left(\frac{2\pi}{X}\xi - \vartheta_1\right) \quad \ldots \ldots (20\,\mathrm{a})$$

$$y_{s_2} = -\frac{c}{2} I_2 \cos\left(\frac{2\pi}{X}\xi - \vartheta_2\right) \quad \ldots \ldots (20\,\mathrm{b})$$

$$y_{s_3} = -\frac{c}{2} I_3 \cos\left(\frac{2\pi}{X}\xi - \vartheta_3\right) \quad \ldots \ldots (20\,\mathrm{c})$$

Setzen wir dagegen Gl. (19 b) in (17 a bis c) ein, so ergibt sich:

$$y_{i_1} = +\frac{c}{2} I_1 \cos\left(\frac{2\pi}{X}\xi' + \vartheta_1\right) \quad \ldots \ldots (21\,\mathrm{a})$$

$$y_{i_2} = +\frac{c}{2} I_2 \cos\left(\frac{2\pi}{X}\xi' + \vartheta_2 - 2\frac{2\pi}{3}\right) \quad . \quad . \ (21\,\mathrm{b})$$

$$y_{i_3} = +\frac{c}{2} I_3 \cos\left(\frac{2\pi}{X}\xi' + \vartheta_3 - 4\frac{2\pi}{3}\right) \quad . \quad . \ (21\,\mathrm{c})$$

Hierbei bedeuten die Indices s und i synchron und invers.

Die Gl. (19 a) bis (20 c) enthalten den Faktor t nicht mehr: Die Felder sind in Bezug auf die neu eingeführten Koordinatensysteme in Ruhe. Damit ist die vorher aufgestellte Behauptung bewiesen. Es sei nochmals darauf hingewiesen, daß sowohl das synchrone wie das inverse System ebenso wie die Mittellinie 0-0. der Fig. 1 zur Zeit $t = 0$ durch die Nute I geht.

Zusammenfassung:

Die Ankerreaktion eines unsymmetrisch belasteten Generators mit nicht ausgeprägten Polen läßt sich auffassen als die Summe von sechs Drehfeldern.

Drei davon, die synchronen, befinden sich in relativer Ruhe zum Magnetrad; drei bewegen sich mit doppelt synchroner Geschwindigkeit davon hinweg.

---

§ 2. Zerlegung der Ströme in ihre Synchrone und inverse Komponenten.

Die Lage der sechs in dem vorigen Paragraphen ermittelten Drehfelder ist in Fig. 4 für die synchronen, in Fig. 5 für die inversen Felder für die Zeit $t = t$ abgebildet.

Zu bemerken ist, daß in beiden Fällen einer Nacheilung des Stromes eine Verschiebung der Lage des betreffenden Drehfeldes entgegen seinem Drehsinn entspricht. — Dies geht aus den Gl. (20 a) bis (21 c) hervor.

Zur Zeit $t = 0$ ging die Mittellinie der positiven Amperewindungen durch die Nute I, welche wir uns fest denken. Zur

Zeit $t = t$ hat sich diese Mittellinie um die Strecke $\dfrac{X}{T} t$ nach links bewegt, und mit ihr die drei synchronen Felder.

Genau dasselbe läßt sich von den inversen Feldern sagen, nur ist dort eine Bewegung nach r e c h t s erfolgt mit derselben Geschwindigkeit. — Die Fig. 4 und 5 verdeutlichen dies.

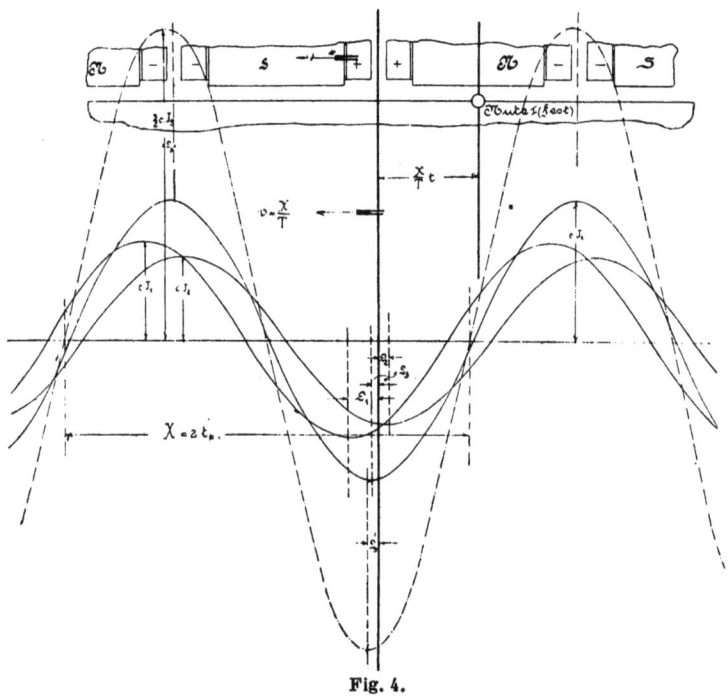

Fig. 4.

Bezeichnen wir nun die Ordinaten des resultierenden synchronen Feldes mit y_s; diejenigen des resultierenden inversen Feldes mit y_i, dann erhalten wir aus den (G. 20 a bis c):

$$y_s = y_{s1} + y_{s2} + y_{s3} \quad \ldots \ldots \ldots \text{(22 a)}$$

Und aus den Gl. (21 a bis c):

$$y_i = y_{i1} + y_{i2} + y_{i3} \quad \ldots \ldots \ldots \text{(22 b)}$$

Daraus:

$$y_s = -\frac{c}{2}\left\{ I_1 \cos\left(\frac{2\pi}{X}\xi - \vartheta_1\right) + I_2 \cos\left(\frac{2\pi}{X}\xi - \vartheta_2\right) + \right.$$

$$\left. I_3 \cos\left(\frac{2\pi}{X}\xi - \vartheta_3\right)\right\}$$

$$= -\frac{c}{2}\left\{ \cos\frac{2\pi}{X}\xi\{I_1 \cos\vartheta_1 + I_2 \cos\vartheta_2 + I_3 \cos\vartheta_3\} + \right.$$

$$\left. + \sin\frac{2\pi}{X}\xi\{I_1 \sin\vartheta_1 + I_2 \sin\vartheta_2 + I_3 \sin\vartheta_3\}\right\} \quad (23)$$

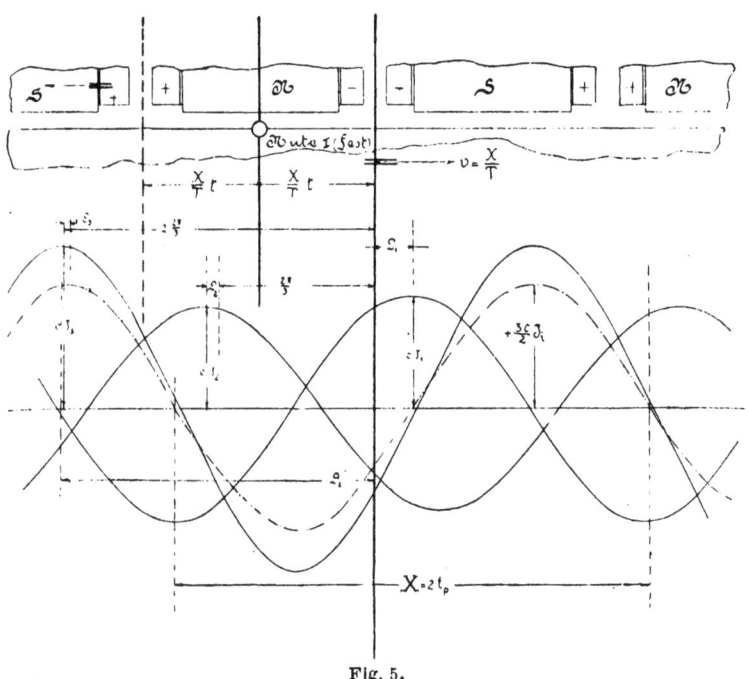

Fig. 5.

Wir setzen nun:

$$I_1 \cos\vartheta_1 + I_2 \cos\vartheta_2 + I_3 \cos\vartheta_3 = A = 3\,I_s \cdot \cos\vartheta_s \quad (24\,\mathrm{a})$$

$$I_1 \sin\vartheta_1 + I_2 \sin\vartheta_2 + I_3 \sin\vartheta_3 = B = 3\,I_s \cdot \sin\vartheta_s \quad (24\,\mathrm{b})$$

Dann wird:

$$I_s = \frac{1}{3}\sqrt{A^2 + B^2} \quad \cdot \quad \cdot \quad \cdot \quad \cdot \quad (25\,\mathrm{a})$$

und:

$$\operatorname{tg}\vartheta_s=\frac{B}{A} \quad \cdots \quad \cdots \quad \cdots \quad (25\,\mathrm{b})$$

Es nimmt dann Gl. (23) die Form an:

$$y_s=-\frac{3\,c}{2}\,I_s\cdot\left\{\cos\frac{2\,\pi}{X}\,\xi\cdot\cos\vartheta_s+\sin\frac{2\,\pi}{X}\,\xi\cdot\sin\vartheta_s\right\}$$

$$y_s=-\frac{3\,c}{2}\,I_s\cos\left(\frac{2\,\pi}{X}\,\xi-\vartheta_s\right).\quad \cdots \quad \cdots \quad (26)$$

In ganz analoger Weise kann man vorgehen mit den inversen Feldern.

Setzt man:

$$I_1\cos\vartheta_1+I_2\cos\left(\vartheta_2-2\,\frac{2\,\pi}{3}\right)+I_3\cos\left(\vartheta_3-4\,\frac{2\,\pi}{3}\right)=$$

$$=A'=3\,I_i\cos\vartheta_i \quad \cdots \quad \cdots \quad (27\,\mathrm{a})$$

$$I_1\sin\vartheta_1+I_2\sin\left(\vartheta_2-2\,\frac{2\,\pi}{3}\right)+I_3\sin\left(\vartheta_3-4\,\frac{2\,\pi}{3}\right)=$$

$$=B'=3\,I_i\sin\vartheta_i \quad \cdots \quad \cdots \quad (27\,\mathrm{b})$$

$$I_i=\frac{1}{3}\sqrt{A'^2+B'^2} \quad \cdots \quad \cdots \quad (28\,\mathrm{a})$$

und

$$\operatorname{tg}\vartheta_i=\frac{B'}{A'} \quad \cdots \quad \cdots \quad \cdots \quad (28\,\mathrm{b})$$

Dann schreibt sich Gl. (22 b):

$$y_i=+\frac{3\,c}{2}\,I_i\cos\left(\frac{2\,\pi}{X}\,\xi'+\vartheta_i\right) \quad \cdots \quad (29)$$

Aus den Gl. (26) und (29) wird uns nun aber sofort die physikalische Bedeutung der zunächst rechnerisch eingeführten Größen I_s und ϑ_s nebst I_i und ϑ_i klar.

Es stellen I_s und ϑ_s nach Richtung und Größe den Strom dar, mit dem der Anker symmetrisch hätte belastet werden müssen, um dieselbe synchrone Ankerreaktion hervorzurufen, wie es jetzt die unsymmetrischen Ströme tun.

Denn: Hätten wir den Anker in der vorliegenden Schaltung mit dem symmetrischen Phasenstrom I_s unter dem Winkel ϑ_s belastet, dann wäre ein linksdrehendes Feld entstanden, dessen Gleichung in bezug auf das synchrone Koordinatensystem gelautet hätte:

$$y_s = -\frac{3\,c}{2}\,I_\varphi \cos\left(\frac{2\,\pi}{X}\,\xi - \vartheta\right) \quad . \quad . \quad . \quad (30)$$

Dies geht aus der Addition der Gl. (20 a bis c) hervor, indem man setzt:

$$\begin{cases} I_1 = I_2 = I_3 = I_\varphi & . \quad . \quad . \quad . \quad . \quad (31\,\mathrm{a}) \\ \vartheta_1 = \vartheta_2 = \vartheta_3 = \vartheta & . \quad . \quad . \quad . \quad . \quad (31\,\mathrm{b}) \end{cases}$$

Die (Gl. 31 a) und (31 b) sind das Charakteristikum für die symmetrische Belastung. Die Übereinstimmung der (Gl. 30) mit (Gl. 26) ist ins Auge springend.

In gleicher Weise kann man sich die physikalische Bedeutung der Gl. (29) klar machen. Zu bedenken ist jedoch, daß diese Gleichung zutrifft für ein mit synchroner Geschwindigkeit nach rechts (also invers) rotierendes Koordinaten system.

Diese Drehrichtung hätte aber auch durch eine symmetrische Belastung des Ankers hervorgerufen werden können, indem wir zwei Klemmen in der bestehenden Schaltung vertauscht hätten. Bekanntlich wechselt dadurch das Drehfeld seine Richtung.

Es stellen I_i und ϑ_i denjenigen Strom nach Richtung und Größe vor, mit dem der Anker mit vertauschten Klemmen hätte belastet werden müssen, um die inverse Ankerreaktion der unsymmetrischen Belastung hervorzurufen.

Sind nun die Ströme und die inneren Phasenverschiebungswinkel bekannt (was wir ja vorausgesetzt haben), dann lassen sich mittels der Gl. (25 a) und (25 b) sowie den Gl. (28 a) und (28 b) die synchronen, wie die inversen Ströme nach Richtung und Größe berechnen.

Könnten wir also den Anker gleichzeitig mit I_s unter ϑ_s und (mit vertauschten Klemmen) mit I_i unter ϑ_i symmetrisch speisen, so würden genau die gleichen Ankerfelder entstehen wie jetzt.

Es lassen sich also zwei symmetrische Stromsysteme angeben, welche in Bezug auf die Ankerreaktion die tatsächlichen Ströme vollständig ersetzen:

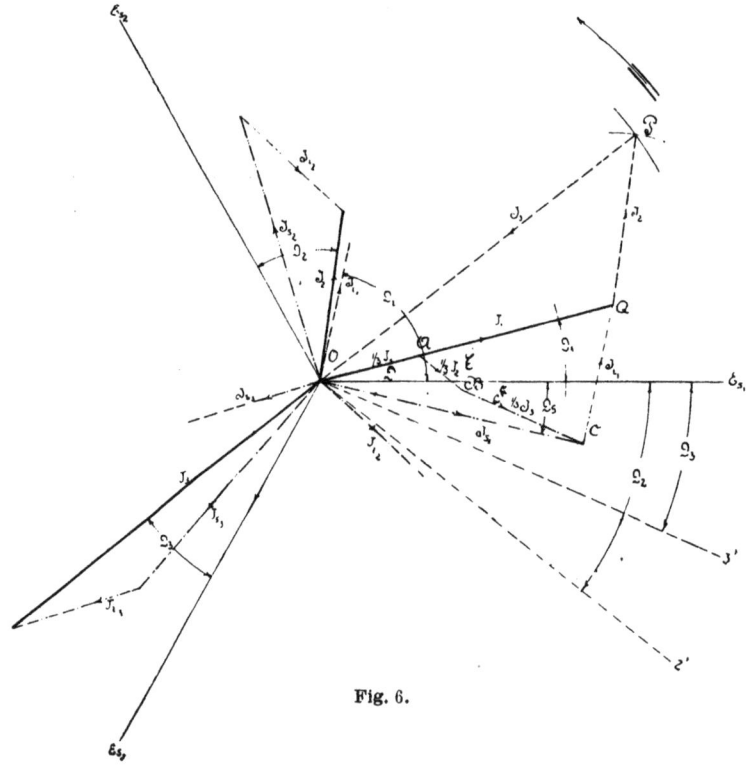

Fig. 6.

Ein synchrones Stromkreuz I_{s1}, I_{s2}, I_{s3}, numeriert i m Sinne der Diagrammdrehrichtung (also g e g e n den Uhrzeigersinn).

Ein inverses Stromkreuz I_{i1}, I_{i2}, I_{i3}, numeriert e n t g e g e n der Diagrammdrehrichtung (also i m Uhrzeigersinn). (Vgl. Fig. 6.)

Es läßt sich also vermuten, daß diese zwei Kreuze nicht nur in Bezug auf die A n k e r r e a k t i o n, sondern ü b e r - h a u p t das vorhandene Stromsystem ersetzen können.

Dies läßt sich auch leicht beweisen:

Für die Nute I z. B. finden wir aus Gl. (24 a):

$$I_{s_1} \cos \vartheta_{s_1} = \frac{1}{3} \left\{ I_1 \cos \vartheta_1 + I_2 \cos \vartheta_2 + I_3 \cos \vartheta_3 \right\} \quad . \text{ (32 a)}$$

Aus Gl. (27 a):

$$I_{i_1} \cdot \cos \vartheta_{i_1} = \frac{1}{3} \left\{ I_1 \cos \vartheta_1 + I_2 \cos \left(\vartheta_2 - 2 \frac{2\pi}{3} \right) + \right.$$
$$\left. + I_3 \cos \left(\vartheta_3 - 4 \frac{2\pi}{3} \right) \right\} \quad \ldots \ldots \text{ (32 b)}$$

Gl. (32 a) und (32 b) ergeben kombiniert:

$$I_{s_1} \cos \vartheta_{s_1} + I_{i_1} \cos \vartheta_{i_1} =$$
$$= \frac{1}{3} \left\{ 2\, I_1 \cos \vartheta_1 + I_2 \cos \left(\vartheta_2 + \frac{\pi}{3} \right) + I_3 \cos \left(\vartheta_3 - \frac{\pi}{3} \right) \right\} \quad \text{(33)}$$

Nach einigen unwesentlichen Umformungen ergibt dies:

$$I_{s_1} \cos \vartheta_{s_1} + I_{i_1} \cos \vartheta_{i_1} = \frac{1}{3} \left\{ 2\, I_1 \cos \vartheta_1 + \right.$$
$$\left. + \left[- I_2 \cos \left(\vartheta_2 - \frac{2\pi}{3} \right) - I_3 \cos \left(\vartheta_3 - 2 \frac{2\pi}{3} \right) \right] \right\} \quad . \text{ (34)}$$

Die Bedingung, daß die Summe aller Ströme zu jeder Zeit gleich Null sein muß, läßt sich schreiben:

$$I_1 \cos \vartheta_1 + I_2 \cos \left(\vartheta_2 - \frac{2\pi}{3} \right) + I_3 \cos \left(\vartheta_3 - 2 \frac{2\pi}{3} \right) = 0 \quad \text{(35)}$$

Setzen wir nun Gl. (35) in Gl. (34) ein, dann erhalten wir:

$$I_{s_1} \cos \vartheta_{s_1} + I_{i_1} \cos \vartheta_{i_1} = I_1 \cos \vartheta_1 \quad \ldots \ldots \text{ (36 a)}$$

In genau derselben Weise hätten wir zeigen können, daß:

$$I_{s_1} \sin \vartheta_{s_1} + I_{i_1} \sin \vartheta_{i_1} = I_1 \sin \vartheta_1 \quad . \quad . \quad . \quad . \quad (36\,\mathrm{b})$$

Die Gl. (36 a) und (36 b) lassen sich aber zusammenfassen zu dem vektoranalytischen Ausdruck:

$$\dot{I}_{s_1} + \dot{I}_{i_1} = \dot{I}_1 \quad . \quad . \quad . \quad . \quad . \quad . \quad . \quad (37)$$

Durch den Punkt oberhalb des Buchstabens bringen wir die vektorielle Eigenschaft zum Ausdruck.

Diese wichtige und interessante Relation setzt uns aber in den Stand, bei Kenntnis der unsymmetrischen Belastungsströme und einer ihrer Komponenten die andere ohne weiteres graphisch zu ermitteln.

Die äußerst einfache Beziehung, welche Gl. (37) darstellt, bringt uns sofort auf den Gedanken, das Problem graphisch und vektoranalytisch zu behandeln. Und in der Tat: Die nachfolgenden Überlegungen gestalten sich durch die graphische Behandlung kürzer und übersichtlicher wie durch die rechnerische.

Wir verlassen hier deshalb diesen Weg und wenden uns jenem zu.

Als Ausgangspunkt greifen wir zu den Gl. (32 a) und (32 b) zurück.

Jene Gleichungen lauteten:

$$I_{s_1} \cos \vartheta_{s_1} = \frac{1}{3} \left\{ I_1 \cos \vartheta_1 + I_2 \cos \vartheta_2 + I_3 \cos \vartheta_3 \right\} \quad . \quad (32\,\mathrm{a})$$

$$I_{s_1} \sin \vartheta_{s_1} = \frac{1}{3} \left\{ I_1 \sin \vartheta_1 + I_2 \sin \vartheta_2 + I_3 \sin \vartheta_3 \right\} \quad . \quad (32\,\mathrm{b})$$

Diese zwei Gleichungen zusammen kann man vektoriell schreiben:

$$\dot{I}_{s_1} = \dot{\mathfrak{D}} + \dot{\mathfrak{E}} + \dot{\mathfrak{F}} \quad . \quad . \quad . \quad . \quad . \quad (38)$$

Unter $\dot{\mathfrak{D}}$ versteht man einen Vektor, dessen absolute Länge $= \frac{1}{3}\, I_1$ ist, und welcher um den Winkel ϑ_1 nacheilend gegen eine beliebige feste Richtung abgetragen ist. In Fig. 6 ist dies die E_{s1}-Richtung. Analog sind die Vektoren $\dot{\mathfrak{E}}$ und $\dot{\mathfrak{F}}$ zu verstehen.

Die geometrische Summe der genannten Vektoren stellt dann die synchrone Komponente des Phasenstromes $\dot{I}_1$ dar. Die inverse Komponente ist nun nichts anderes, wie aus der Gl. 37 hervorgeht, wie die geometrische Differenz aus wirklicher Strombelastung und symmetrischer Komponente.

Weil das Ermitteln der beiden Komponenten einer unsymmetrischen Belastung im praktischen Teil zum wiederholten Male vorkommt, soll hier nun an einem Beispiel der äußerst einfache Konstruktionsgang klargelegt werden. Es seien gemessen (vgl. Fig. 6):

$$I_1 = 19,8 \qquad \vartheta_1 = -14^0\,25'$$
$$I_2 = 10,8 \qquad \vartheta_2 = +40^0\,06'$$
$$I_3 = 26,0 \qquad \vartheta_3 = +23^0\,36'$$

Verlangt werden die synchronen und inversen Komponenten dieses Systems.

Durch die Angaben liegen die Ströme I_1, I_2 und I_3 im Spannungskreuze E_{s1}, E_{s2}, E_{s3} fest.

Da hierzu nur vier Angaben erforderlich wären, ergeben sich zwei Kontrollen für die Meßgenauigkeit.

Wir tragen nun unter ϑ_2 die Richtung $0 - 2'$, unter ϑ_3 diejenige $0 - 3'$ ab; und zwar alles bezogen auf die Richtung E_{s1}.

Dann:

$$0\,A = \frac{1}{3}\, I_1 \quad \ldots \ldots \ldots \quad \text{ergibt } \dot{\mathfrak{D}}$$

$$A\,B = \frac{1}{3}\, I_2 \quad \text{und.} \parallel 0\text{-}2 \quad \ldots \ldots \quad \text{»} \quad \dot{\mathfrak{E}}$$

$$B\,C = \frac{1}{3}\, I_3 \quad \text{»} \quad \parallel 0\text{-}3 \quad \ldots \ldots \quad \text{»} \quad \dot{\mathfrak{F}}$$

Es ist nun OC die gesuchte synchrone, CQ die gesuchte inverse Komponente. Wir vervollständigen nun die Stromsysteme im richtigen Drehsinn, also für die synchronen e n t g e g e n dem Uhrzeigersinn, für die inversen i m Uhrzeigersinn.

Als Kontrolle erhalten wir:

$$\left.\begin{array}{l} i_{s_2} + i_{i_2} = i_2 \\ i_{s_3} + i_{i_3} = i_3 \end{array}\right\}$$

Und weiter lesen wir aus Fig. 6 ab:

$$I_s = 17{,}6 \text{ Amp.} \ldots \ldots \vartheta_{s1} = + 13^0\,25',$$
$$I_i = 9{,}2 \text{ Amp.} \ldots \ldots \vartheta_{i1} = - 78^0\,25'.$$

Es ist nun von großer Wichtigkeit für die praktische Anwendung dieser Konstruktion, daß man sich von der Kenntnis der inneren Phasenverschiebungen emanzipieren kann. Von welchem großen Vorteil dies ist, wird sich in § 7, wo wir zur Aufstellung des Diagrammes gelangen, so recht zeigen.

Aus einer geometrischen Betrachtung der Fig. 6 geht die Richtigkeit der obigen Behauptung hervor. Denken wir uns das Stromkreuz I_1-I_2-I_3 fest. Nun ordnen wir diesem Stromkreuz ein beliebiges Spannungskreuz zu, und bringen wir dieses Spannungskreuz durch Drehung in alle möglichen Lagen dem Stromkreuz gegenüber, dann überzeugen wir uns leicht, daß der Linienzug $O\,A\,B\,C$ von dieser Drehung n i c h t berührt wird. Es bleibt genannter Linienzug fest und unveränderlich für jede Lage des Spannungskreuzes.

Sind also drei Ströme bekannt, so brauchen wir bloß für ein beliebiges Spannungskreuz, dessen Wahl uns freisteht, und also den Bedürfnissen entsprechend geschickt gewählt werden kann, die zwei Komponenten zu ermitteln. Diese beiden Komponenten müssen dann ohne weiteres die gesuchten sein.

Es soll nun kurz auf die beiden wichtigsten Spezialfälle des allgemeinen Belastungsfalles hingewiesen werden.

Konstruieren wir für die symmetrische Belastung, deren Charakteristikum (Gl. 31 a) und (Gl. 31 b) (S. 17) bildet, die beiden Komponenten, so ersehen wir aus einer einfachen geometrischen Betrachtung der Fig. 6, daß der Linienzug $OABC$ nicht mehr gebrochen ist, sondern eine gerade Linie darstellt. Es geht die geometrische Summierung der Vektoren $\dot{\mathfrak{D}}$, $\dot{\mathfrak{E}}$, $\dot{\mathfrak{J}}$ über in eine arithmetische, und zwar wird $OC = I_1$, d. h.

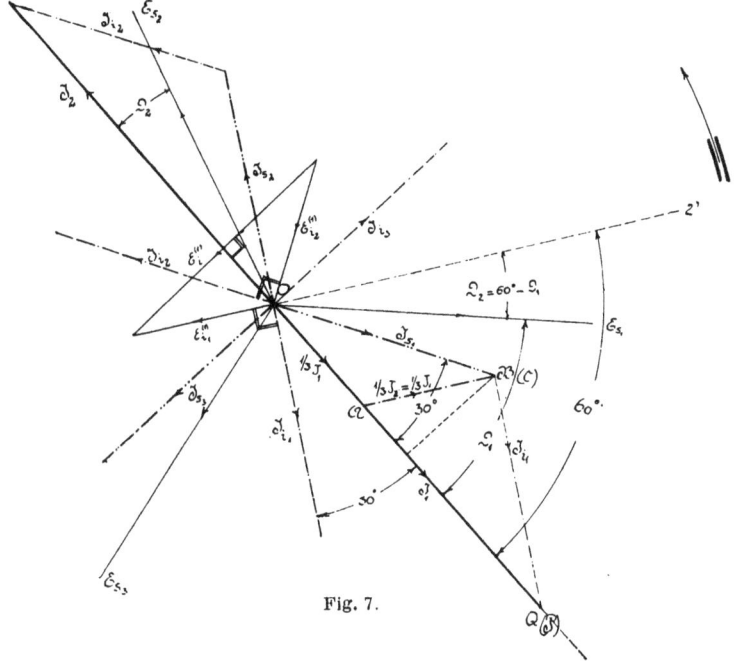

Fig. 7.

die synchrone Komponente wird gleich der wirklichen Strombelastung, während die inverse Komponente gleich Null wird, wie dies zu erwarten war. Ein symmetrisch belasteter Generator besitzt keine inverse Ankerreaktion.

Nicht weniger wichtig ist der Fall der Einphasenbelastung Sie ist charakterisiert durch:

$$I_1 = -I_2 \text{ (Kontinuitätsbedingung)} \quad . \ . \ (39\ a)$$

Weiter geht aus Fig. 7 hervor:

$$\vartheta_2 = 60^0 - \vartheta_1 \quad \ldots \ldots \ldots \ldots \quad (39\,b)$$

Zerlegen wir nun I_1 bzw. I_2 nach den Disziplinen dieses Paragraphen, so finden wir, daß die inverse Komponente der wirklichen Strombelastung um 30^0 nacheilt, die synchrone eilt um denselben Betrag vor.

Es wird:

$$I_s = I_i = \frac{I_1}{\sqrt{3}} \quad \ldots \ldots \ldots \quad (40)$$

(vgl. Wengner S. 11).

Zusammenfassung.

Es wird ein graphisches Verfahren angegeben, zwei symmetrische Stromkreuze zu bestimmen, welche ein vorhandenes unsymmetrisches Stromsystem vollständig ersetzen.

---

§ 3. Die Formulierung der unausgebildeten Drehfelder.

Durch den vorigen Paragraphen sind wir zu der Erkenntnis gelangt, daß der unsymmetrisch belastete Anker des synchronen Drehstromgenerators eine Ankerreaktion erzeugt, welche durch zwei Drehfelder ersetzt werden kann. Das eine, das synchrone, rotiert mit der Geschwindigkeit $v = \dfrac{X}{T}$ nach l i n k s, das inverse mit der gleichen Geschwindigkeit nach r e c h t s. Außerdem ist das synchrone Feld der synchronen Komponente des Stromes proportional, das inverse der inversen Komponente.

Es sei nochmals daran erinnert, daß die Koordinatensysteme, für welche diese Drehfelder in Ruhe sind, zur Zeit $t = 0$ mit der Nute I zusammenfallen. Zu derselben Zeit geht auch die Mittellinie 0-0 der positiven Magnetamperewindungen durch diese Nute. Sie bewegt sich mit synchroner Geschwindigkeit nach links. Daraus geht hervor, daß die Relativgeschwindigkeit vom synchronen Felde zum Magnetrade gleich Null ist. Mit anderen Worten: Kennen wir die gegenseitige Lage des synchronen Feldes und Magnetrades für irgend welchen Zeitpunkt (z. B. $t = 0$), so kennen wir sie für jeden Zeitpunkt, da sie mit der Zeit unveränderlich ist.

Dies ist nicht der Fall für das inverse Feld. Da das inverse Koordinatensystem sich mit synchroner Geschwindigkeit nach rechts über die Ankerwicklung hinwegbewegt, hat es also dem Magnetrade gegenüber die doppelt synchrone Geschwindigkeit. Nach T Sekunden fallen wieder die Linie 0-0, das inverse, wie das synchrone Koordinatensystem zusammen mit der Nute I, worauf das Spiel von neuem anfängt.

Die Ableitungen des vorigen Paragraphen beruhten auf der Voraussetzung, daß der magnetische Widerstand längs einer ganzen Polteilung konstant sei. Diese Voraussetzung trifft aber in weitaus den meisten Fällen n i c h t zu.

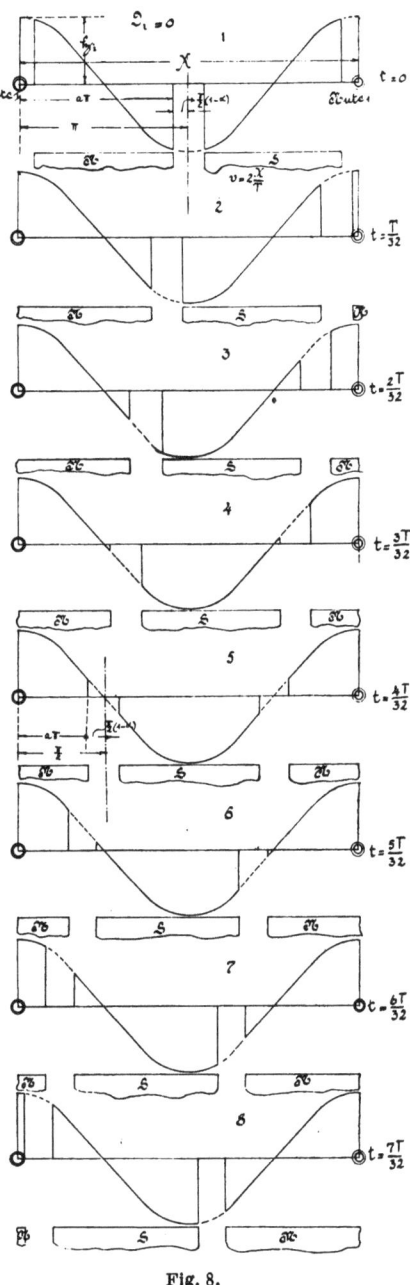

Fig. 8.

Die Kraftlinien der Ankerfelder können sich nur durch die Eisenmassen des Polrades schließen. Da nun aber, mit Ausnahme einiger Turbokonstruktionen, alle synchrone Drehstromgeneratoren Pollücken zur Unterbringung des erregenden Magnetkupfers aufweisen, werden sich genannte Ankerfelder nicht voll ausbilden können. Es wird also die reine Sinusform verloren gehen.

Für das synchrone Ankerfeld gestalten sich die Überlegungen noch verhältnismäßig einfach, da ja dieses Feld dem Polrade gegenüber in Ruhe ist. Die Feldform wird also während des ganzen Vorganges eine unveränderliche sein, also nicht von der Zeit abhängen. Da derselbe Fall auch beim symmetrisch belasteten Generator auftritt, bietet dieser Fall nichts wesentlich Neues.

Ganz anders ist dies dagegen mit den inversen Feldern. Diese rufen eine Reihe von interessanten, wenn auch unliebsamen Erscheinungen hervor. Im folgenden sollen nun diese Erscheinungen eingehend untersucht werden.

Das Polrad, welches mit doppelt synchroner Geschwindigkeit gegen das inverse Feld rotiert, nimmt jeden Augenblick diesem Felde gegenüber eine andere Lage ein, so daß innerhalb eines gewissen Zeitraumes die inverse Feldform sich fortgesetzt ändert. Diese Feldform mathematisch zu fassen, wird also die Aufgabe sein, welche wir uns stellen müssen.

Nehmen wir der Einfachheit halber für eine Weile an, daß $\vartheta_i = 0$ sei, dann wird, wie aus Gl. (29) ersichtlich ist, die Feldgleichung in bezug auf das invers rotierende Koordinatensystem lauten:

$$y_i = + \frac{3\,c}{2}\, I_i \cos \frac{2\,\pi}{X}\, \xi' \quad . \quad . \quad . \quad . \quad . \quad (41)$$

Denken wir uns das inverse System fest, dann gleiten die Pole mit doppelt synchroner Geschwindigkeit darunter hinweg. Die Bewegung der Pole erfolgt von rechts nach links. Das Feld nimmt neue Formen an von $t = 0$ bis $t = \frac{T}{4}$, wie dies in Fig. 8 angedeutet ist. Die Feldform hängt von der beweglichen Lage des Polrades, dem für diese Überlegung fest gedachten Felde gegenüber, ab. Diese Lage wollen wir festlegen durch die Winkeldistanz $a\pi$, welche die rechte Kante des Nordpoles mit dem Ursprung des Koordinatensystemes einschließt. Es wird also $a = f(t)$ sein.

Für die oben gemachte Beschränkung, nämlich daß $\vartheta_i = 0$ sei, wird für $t = 0$ aus Fig. 8 entnommen:

$$a \, \pi = \pi - \frac{\pi}{2}(1-a) = \frac{\pi}{2}(1+a) \quad . \quad . \quad . \, (42\,\mathrm{a})$$

Nach t Sekunden wird die betreffende Kante um den Betrag $2\dfrac{2\pi}{T}t$ zurückgelaufen sein, so daß für $t = t$ gilt:

$$a \, \pi = \frac{\pi}{2}(1+a) - 2\frac{2\pi}{T}t \quad . \quad . \quad . \quad . \, (42\,\mathrm{b})$$

Ist ϑ_i nun n i c h t gleich Null, so würde die Kosinuslinie der Fig. 8 um die Strecke ϑ_i nach links gerückt sein, so daß wir ohne jede Einschränkung finden:

$$a \, \pi = \frac{\pi}{2}(1+a) - 2\frac{2\pi}{T}t + \vartheta_i \quad . \quad . \quad . \, (42\,\mathrm{c})$$

Dies nun ist die gesuchte Beziehung zwischen a und t. Gelingt es uns jetzt, die Kurvenform in Bezug auf a zu fassen, dann sind wir am Ziel.

Wir entnehmen aus der Fig. 8 eine beliebige Stellung, z. B. die Stellung 4 (vgl. Fig. 9).

Die in diesem Zeitpunkte, also bei dieser Polstellung vorhandene Feldkurve, können wir in harmonische Komponenten zerlegen.

Bezeichnen wir nun die Abszissen des zu untersuchenden Feldes mit x, die Ordinaten mit y, die Amplitude mit $\mathfrak{H}_i$, dann ist, falls wir x als Winkelmaß betrachten:

$$y = \mathfrak{H}_i \cos x. \quad . \quad . \quad . \quad . \quad . \quad . \quad . \, (43)$$

Diese Kosinuslinie ist aber nur ausgebildet von $x_0 = 0$ bis $x_1 = a\pi$ und $x_2 = a\pi + \pi(1-a)$ bis $x_3 = \pi$. Von dort

aus wiederholt sich die Kurve symmetrisch, mit entgegengesetzten Ordinaten.

Es ist nun Gl. (41) mit Gl. (43) identisch, falls wir
setzen

$$\mathfrak{H}_i = \frac{3\,c}{2}\,I_i \quad\quad . \quad . \quad . \quad . \quad . \quad . \quad (44)$$

Wegen der soeben erwähnten Symmetrie kann die Gleichung, welche das unausgebildete Feld darstellt, weder gerade
Sinus- noch gerade Kosinusglieder enthalten.

Vorderhand wollen wir uns nur mit der ersten Harmonischen beschäftigen und erst nachher den Einfluß der höheren
Harmonischen untersuchen (vgl. § 6).

Es sei nun die Amplitude der ersten Harmonischen des
Kosinusgliedes bezeichnet mit:

$$H = C_i\,\mathfrak{H}_i \quad\quad . \quad . \quad . \quad . \quad . \quad . \quad . \quad (45\,a)$$

und diejenige des Sinusgliedes mit:

$$H' = C_i{}'\,\mathfrak{H}_i \quad\quad . \quad . \quad . \quad . \quad . \quad . \quad (45\,b)$$

Bezeichnen wir nun die Ordinaten der ersten Harmoni-
schen mit $\mathfrak{h}_i{}''$, dann lautet die Gleichung für dieselbe:

$$\mathfrak{h}_i{}'' = C_i\,\mathfrak{H}_i\cos x + C_i{}'\,\mathfrak{H}_i\sin x \quad . \quad . \quad . \quad . \quad (46)$$

Es kommt nun wesentlich auf die Ermittlung von C_i
und $C_i{}'$ an, welche Funktionen von a und also von t sind.

Aus Gl. (45 a) bzw. (45 b) finden wir:

$$C_i = \frac{H}{\mathfrak{H}_i} \quad\quad . \quad . \quad . \quad . \quad . \quad . \quad (47\,a)$$

$$C_i{}' = \frac{H'}{\mathfrak{H}_i} \quad\quad . \quad . \quad . \quad . \quad . \quad . \quad (47\,b)$$

Wir bestimmen nun diese Konstanten mittels des folgenden, hier nicht zu beweisenden Satzes:

Die Fläche, gebildet aus den Abszissen einer gegebenen
Kurve einerseits und dem Produkt der Ordinaten dieser Kurve

mit der m-ten Einheitsharmonischen anderseits, stellt das Produkt dar aus der Amplitude der gesuchten m-ten Harmonischen und der halben Wellenlänge der Grundwelle.

Wir bezeichnen nun mit p die Ordinaten der Einheitskosinuswelle, mit p' diejenigen der Einheitssinuswelle, dann können wir schreiben (vgl. Fig. 9):

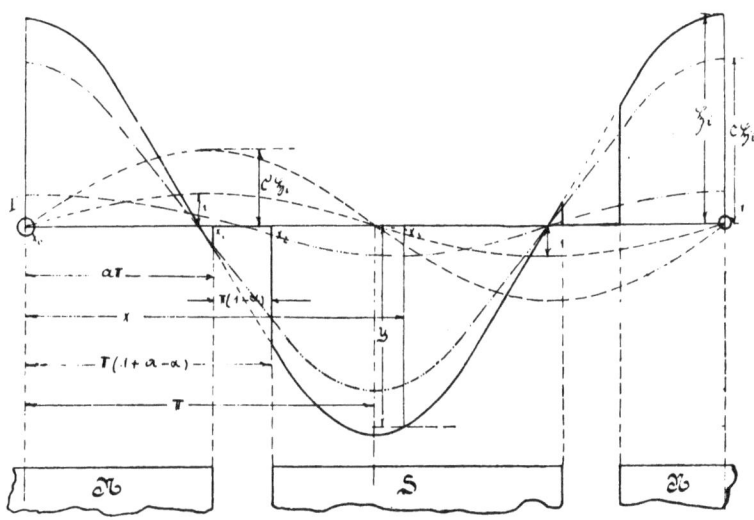

Fig. 9.

——————— *Zu zerlegendes Feld.* ——————— *Cosinus-Komponente.*

·—·—·—·—· *Sinus-Komponente.*

$$p = (1)\cos x \quad . \quad . \quad . \quad . \quad . \quad . \quad (48\,\mathrm{a})$$

$$p' = (1)\sin x \quad . \quad . \quad . \quad . \quad . \quad . \quad (48\,\mathrm{b})$$

$$y = \mathfrak{H}_i \Big[\cos x\Big]_{x_0\,\mathrm{bis}\,x_1}^{x_2\,\mathrm{bis}\,x_3} . \quad . \quad . \quad . \quad . \quad (49)$$

Vorerwähnter Satz läßt sich somit schreiben:

$$H \cdot \pi = \int_0^{2\pi} p \cdot y \cdot d\,x' = 2\,\mathfrak{H}_i \int_0^{\pi} \cos^2 x \cdot d\,x \quad . \quad . \quad . \quad . \quad . \quad . \quad (50\,\mathrm{a})$$

$$H' \pi = \int_0^{2\pi} p' \cdot y \cdot d\,x' = 2\,\mathfrak{H}_i \int_0^{\pi} \sin x \cdot \cos x \cdot d\,x \quad . \quad . \quad . \quad . \quad (50\,\mathrm{b})$$

Die Gl. (47 a) bzw. (47 b) ergeben kombiniert mit diesen Gleichungen:

$$\frac{H}{\mathfrak{H}_i} = C_i = \frac{2}{\pi} \int_{x_0\,\text{bis}\,x_1}^{x_2\,\text{bis}\,x_3} \cos^2 x\,d\,x \quad . \quad . \quad . \quad . \quad . \quad (51\,a)$$

$$\frac{H'}{\mathfrak{H}_i} = C_i' = \frac{2}{\pi} \int_{x_0\,\text{bis}\,x_1}^{x_2\,\text{bis}\,x_3} \sin x \cdot \cos x \cdot d\,x \quad . \quad . \quad . \quad (51\,b)$$

Dies ausgewertet ergibt:

$$C_i = \frac{2}{\pi} \left[\frac{x}{2} + \frac{1}{4} \sin 2\,x \right]_{x_0\,\text{bis}\,x_1}^{x_2\,\text{bis}\,x_3} . \quad . \quad . \quad . \quad (52\,a)$$

$$C_i' = \frac{2}{\pi} \left[\quad - \frac{1}{4} \cos 2\,x \right]_{x_0\,\text{bis}\,x_1}^{x_2\,\text{bis}\,x_3} . \quad . \quad . \quad . \quad (52\,b)$$

Setzen wir nun die Grenzen ein, dann erhalten wir:

$$C_i = a + \frac{\sin a\,\pi}{\pi} \cos (2\,a - a)\,\pi . \quad . \quad . \quad . \quad (53\,a)$$

$$C_i' = \; + \frac{\sin a\,\pi}{\pi} \sin (2\,a - a)\,\pi . \quad . \quad . \quad . \quad (53\,b)$$

Und hiermit ist das vorerst gesteckte Ziel, nämlich die Konstanten C_i und C_i' als Funktionen von a zu bestimmen, erreicht.

Setzen wir nun Gl. (42 c) in Gl. (53 a) und Gl. (53 b) ein, dann erhalten wir die wichtige Beziehung dieser Konstanten zur Zeit.

$$C_i = a - \frac{\sin a\,\pi}{\pi} \cdot \cos \left(4 \frac{2\,\pi}{T} t - 2\,\vartheta_i \right) \quad . \quad . \quad (54\,a)$$

$$C_i' = \; + \frac{\sin a\,\pi}{\pi} \cdot \sin \left(4 \frac{2\,\pi}{T} t - 2\,\vartheta_i \right) \quad . \quad . \quad (54\,b)$$

Nach Analogie von Gl. (46) lautet aber die Gleichung der ersten Harmonischen des inversen Feldes in bezug auf das invers rotierende Koordinatensystem:

$$\mathfrak{h}_i'' = C_i \cdot \mathfrak{H}_i \cdot \cos\left(\frac{2\,\pi}{X}\,\xi' + \vartheta_i\right) + C_i' \,\mathfrak{H}_i \sin\left(\frac{2\,\pi}{X}\,\xi' + \vartheta_i\right) \quad (55)$$

Setzen wir nun Gl. (54 a) und (54 b) in Gl. (55) ein, dann erhalten wir:

$$\mathfrak{h}_i'' = \mathfrak{H}_i \cdot \quad a \cdot \quad \cos\left(\qquad \frac{2\,\pi}{X}\,\xi' + \vartheta_i\right) +$$

$$- \mathfrak{H}_i \cdot \frac{\sin a\,\pi}{\pi} \cdot \cos\left(4\frac{2\,\pi}{T}\,t + \frac{2\,\pi}{X}\,\xi' - \vartheta_i\right) \quad . \quad . \quad (56)$$

Die Deutung dieser äußerst wichtigen Gleichung lehrt uns zwei Tatsachen:

Das unausgebildete inverse Feld kann aufgefaßt werden als die Summe zweier Drehfelder, und zwar:

Ein Drehfeld, welches sich mit synchroner Geschwindigkeit über der ruhenden Ankerwicklung nach r e c h t s bewegt, und die Form hat:

$$\mathfrak{h}_i' = \mathfrak{H}_i \cdot a \cdot \cos\left(\frac{2\,\pi}{X}\,\xi' + \vartheta_i\right) \quad . \quad . \quad . \quad . \quad (57)$$

in Bezug auf das inverse Koordinatensystem.

Ein Drehfeld, welches sich mit 4-fach synchroner Geschwindigkeit gegenüber dem inversen System nach links bewegt und also stillgesetzt werden kann für ein mit 3-fach gegen die Ankerwicklung nach links sich bewegendes System. Für dieses System lautet seine Gleichung:

$$\mathfrak{h}_i''' = - \mathfrak{H}_i \, \frac{\sin a\,\pi}{\pi} \cdot \cos\left(\frac{2\,\pi}{X}\,\xi - \vartheta_i\right) \quad . \quad . \quad (58)$$

falls die Ordinaten des ξ'-Systems mit $\mathfrak{h}_i'$ und des ξ'''-Systems mit $\mathfrak{h}_i'''$ bezeichnet werden. Der Beweis für Gl. (58) kann analog wie Seite 11 Gl. (19 a) geführt werden.

Damit ist die Formulierung des unausgebildeten inversen Drehfeldes erledigt, da es auf die Summe zweier Drehfelder mit bekannter Amplitude und bekannter Geschwindigkeit zurückgeführt worden ist.

Es bliebe also noch die Formulierung des synchronen Feldes übrig. Freilich ist dieser Fall schon durch die Theorie des symmetrisch belasteten Generators erledigt, denn die Anker- reaktion im synchronen Sinne ist vollständig identisch mit der Ankerreaktion eines mit dem Strome I_s unter dem Winkel ϑ_s belasteten Generators. Die Ableitung, wie man sie gewöhn- lich zu lehren pflegt, beruht jedoch auf einer Zerlegung des

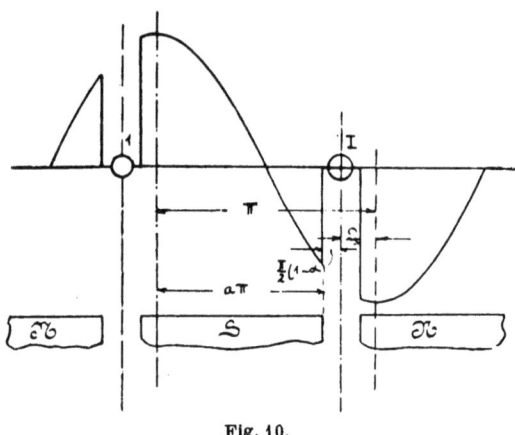

Fig. 10.

Feldes nach zwei aufeinander senkrechten Richtungen. Ohne die Zweckmäßigkeit dieser Zerlegung im mindesten anzweifeln zu wollen, möchte ich doch zeigen, daß man auch ohne diese Zerlegung auf dem bis jetzt begangenen Wege einfach zum Ziel gelangen kann.

Die Feldkonstanten für das synchrone Feld seien mit C_s und C_s' bezeichnet. Am besten ermitteln wir sie aus der Überlegung, daß man bloß die gegenseitige Lage des synchronen Feldes und des Magnetrades zur Zeit $t = 0$ zu kennen braucht, um diese Konstanten, welche ja von der Zeit unabhängig sind, zu bestimmen (vgl. S. 25).

Diese Lage ist in Fig. 10 gekennzeichnet.

Aus ihr lesen wir ab:

$$a\pi + \frac{\pi}{2}(1-a) + \vartheta_s = \pi \quad \ldots \ldots \text{(59a)}$$

oder

$$a\pi = \frac{\pi}{2}(1+a) - \vartheta_s \quad \ldots \ldots \text{(59b)}$$

Es läßt sich nun das synchrone Feld in Bezug auf ein synchron rotierendes Koordinatensystem schreiben:

$$\mathfrak{h}_s = -C_s \,\mathfrak{H}_s \cdot \cos\left(\frac{2\pi}{X}\xi - \vartheta_s\right) - C_s' \,\mathfrak{H}_s \sin\left(\frac{2\pi}{X}\xi - \vartheta_s\right) \quad \text{(60)}$$

(vgl. Gl. (46) und Gl. (26)).

$\mathfrak{h}_s$ ist die Ordinate der ersten Harmonischen des synchronen Feldes in bezug auf das synchrone Koordinatensystem, und nach Analogie von Gl. (44):

$$\frac{3\,c}{2}\,I_s = \mathfrak{H}_s \quad \ldots \ldots \text{(61)}$$

Setzen wir nun Gl. (59 b) in Gl. (53 a) und Gl. (53 b) ein, dann erhalten wir:

$$C_s = a - \frac{\sin a\pi}{\pi}\cos 2\vartheta_s \quad \ldots \ldots \text{(62a)}$$

$$C_s' = +\frac{\sin a\pi}{\pi}\sin 2\vartheta_s \quad \ldots \ldots \text{(62b)}$$

Dies sind die Konstanten für das synchrone Feld. Sie enthalten, im Gegensatz zu denjenigen der inversen Felder, den Faktor t nicht, wie dies auch plausibel ist. (Siehe S. 25.)

Setzen wir nun Gl. (62 a) und Gl. (62 b) in Gl. (60) ein, so erhalten wir:

$$\mathfrak{h}_s = \mathfrak{H}_s \left\{ -a\cos\left(\frac{2\pi}{X}\xi - \vartheta_s\right) + \frac{\sin a\pi}{\pi}\sin\left(\frac{2\pi}{X}\xi + \vartheta_s\right) \right\} \quad \text{(63)}$$

Diese Funktion von ξ, welche in Fig. 12 eingetragen ist, zeigt sich nun aber als nichts anderes, als eine andere F o r m der gewöhnlichen Darstellungsart.

Entwickeln wir Gl. (63) nämlich weiter, so erhalten wir zunächst:

$$\mathfrak{H}_s = - \mathfrak{H}_s \cos \vartheta_s \left(a - \frac{\sin a \pi}{\pi} \right) \cos \frac{2\pi}{X} \xi +$$

$$- \mathfrak{H}_s \sin \vartheta_s \left(a + \frac{\sin a \pi}{\pi} \right) \sin \frac{2\pi}{X} \xi \quad . \quad . \quad . \quad (64)$$

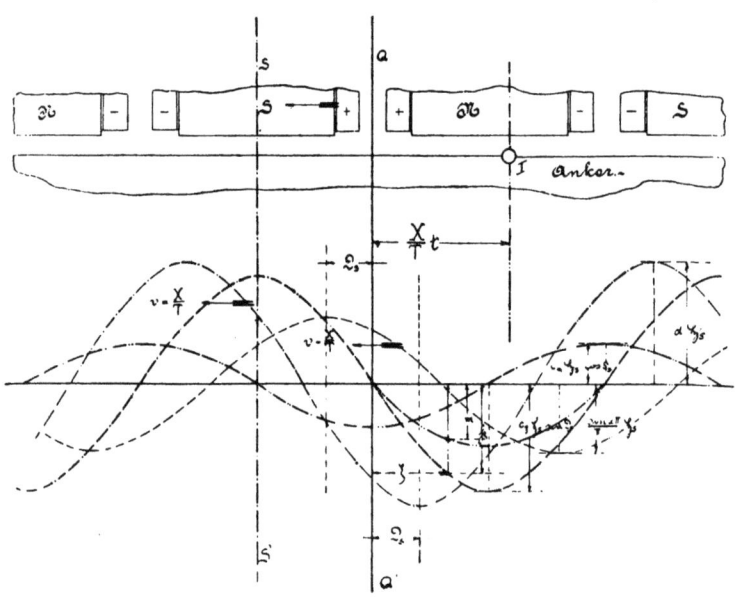

Fig. 11.

Setzen wir nun aber:

$$c_q = a - \frac{\sin a \pi}{\pi} \quad \text{(Querfeldsfaktor)[1])} \quad . \quad . \quad . \quad (65\,\text{a})$$

und

$$c_g = a + \frac{\sin a \pi}{\pi} \quad \text{(Gegenfeldsfaktor)[1])} \quad . \quad . \quad (65\,\text{b})$$

---

[1]) Die Faktoren c_q und c_g erweisen sich als nichts anderes, wie c_i für die Stellung 1 bzw. 5 der Fig. 8. Da diese Stellungen symmetrisch sind in bezug auf ein Viertel der Wellenlänge wird $c_i' = 0$. Dies zeigt sich, falls man die betreffenden Werte für $a\pi$ in (Gl. 53a) bzw. (53 b) einführt.

dann wird Gl. (64):

$$\mathfrak{h}_s = - \mathfrak{H}_s \cdot c_q \cdot \cos \vartheta_s \cos \frac{2\,\pi}{X} \xi - \mathfrak{H}_s \cdot c_g \cdot \sin \vartheta_s \cdot \sin \frac{2\,\pi}{X} \xi \quad (66\,\mathrm{a})$$

oder:

$$\mathfrak{h}_s = - \left\{ \mathfrak{H}_q \cdot \cos \frac{2\,\pi}{X} \xi + \mathfrak{H}_g \cdot \sin \frac{2\,\pi}{X} \xi \right\} \quad . \quad . \; (66\,\mathrm{b})$$

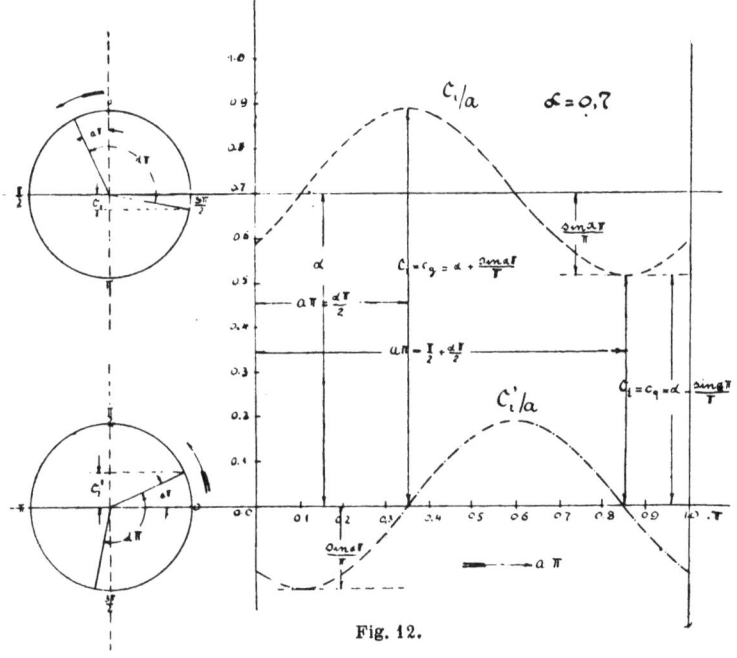

Fig. 12.

Nach Analogie der Gl. (44) kann gesetzt werden:

$$\mathfrak{H}_q = \mathfrak{H}_s \cdot c_q \cdot \cos \vartheta_s = \frac{3\,c}{2} I_s \cdot c_q \cdot \cos \vartheta_s \quad . \quad . \; (67\,\mathrm{a})$$

$$\mathfrak{H}_g = \mathfrak{H}_s \cdot c_g \cdot \sin \vartheta_s = \frac{3\,c}{2} I_s \cdot c_g \cdot \sin \vartheta_s \quad . \quad . \; (67\,\mathrm{b})$$

(vgl. Fig. 12).

Fig. 12 zeigt den Verlauf von $\frac{c_i}{a}$ bzw. $\frac{c_i'}{a}$; die Stellungen 1 und 5 sind hervorgehoben.

$\mathfrak{H}_q$ ist die Amplitude des Ankerquerfeldes, $\mathfrak{H}_g$ diejenige des Ankergegenfeldes, während Gl. (67 a) und Gl. (67 b) die üblichen Ausdrücke für dieselben sind. Gl. (66 a) und Gl. (66 b) stellen die übliche Zerlegung der Ankerreaktion nach zwei Achsen dar. Damit ist die vorher erwähnte Übereinstimmung nachgewiesen. Es sei nochmals ausdrücklich erwähnt, daß die Gleichungen, welche soeben entwickelt wurden, für ein mit synchroner Geschwindigkeit nach links sich bewegendes Koordinatensystem gelten, dessen 0-Punkt zur Zeit $t = 0$ mit der Nute I zusammenfällt.

Für die nachherigen Betrachtungen bezüglich des Diagrammes (vgl. § 7) wird es sich als nützlich erweisen, die dem Gegenfeld äquivalenten Amperewindungen zu berechnen.

Für den Fall, daß $a = 1$ ist, d. h. daß der magnetische Widerstand längs einer ganzen Polteilung konstant sei, wird das sich ausbildende Gegenfeld den es erzeugenden magnetischen Kräften proportional sein. Für diesen Fall sei die Amplitude des Gegenfeldes $\mathfrak{H}_g{}'$. Aus Gl. (67 b) folgt dann (für $a = 1$ wird $c_g = 1$):

$$\mathfrak{H}_g{}' = -\frac{3\,c}{2} \cdot I_s \cdot \sin \vartheta_s \quad \ldots \ldots \quad (68)$$

Es sei nun die Amplitude der M. M. K. K. mit M bezeichnet, die Ordinaten, in bezug auf Q-Q' der Fig. 12 mit m; die Abszissen mit ξ, dann wird zunächst:

$$M = \mathfrak{H}_g{}' \, \delta'' \quad \ldots \ldots \ldots \quad (69)$$

und:

$$m = M \cdot \sin \frac{2\,\pi}{X} \, \xi \quad \ldots \ldots \quad (70)$$

Die M. M. K. K. des Gegenfeldes können nur von $\xi_1 = \frac{\pi}{2}$ $(1 - a)$ bis $\xi_2 = \frac{\pi}{2} \, (1 + a)$ mit der M. M. K. des Magnetfeldes in Reaktion treten (vgl. hierzu Fig. 12).

Der Mittelwert der M. M. K. (M_m) des Gegenfeldes beziffert sich demnach auf:

$$M_m = \frac{1}{a \cdot \frac{x}{2}} \int_{\xi_1}^{\xi_1} M \cdot \sin \frac{2\pi}{X} \xi \cdot d\xi \quad . \quad . \quad . \quad (71\,\mathrm{a})$$

Diese Gleichung liefert ausgewertet:

$$M_m = M \frac{\sin \frac{a\pi}{2}}{\frac{a\pi}{2}} \quad . \quad . \quad . \quad . \quad (71\,\mathrm{b})$$

Dieser mittleren magnetomotorischen Kraft pro Pol entspricht ein Mittelwert der Gegenamperewindungen, welcher allgemein mit AW_g', und für den Fall, daß $\vartheta_s = 90^0$ ist, mit AW_g bezeichnet werden soll.

Es muß

$$\frac{4\pi}{10} AW_g' = M_m \quad . \quad . \quad . \quad . \quad (72)$$

sein.

Mittels Gl. (71 b) und (72) erhalten wir:

$$AW_g' = \frac{10}{4\pi} \cdot M \cdot \frac{\sin \frac{a\pi}{2}}{\frac{a\pi}{2}} \quad . \quad . \quad . \quad (73\,\mathrm{a})$$

Durch Einsetzen von Gl. (69) und (68) in Gl. (73 a) erhalten wir:

$$AW_g' = -\frac{10}{4\pi} \cdot \frac{3\,c}{2} \cdot \delta'' \cdot \frac{\sin \frac{a\pi}{2}}{\frac{a\pi}{2}} \cdot I_s \cdot \sin \vartheta_s \quad . \quad . \quad (73\,\mathrm{b})$$

Endlich durch Einsetzen des Wertes von c aus Gl. (10):

$$AW_g' = -\frac{\sqrt{2}}{\pi} \cdot 3 \cdot \mathrm{w}_1 \cdot \frac{\sin \frac{a\pi}{2}}{\frac{a\pi}{2}} \cdot I_s \sin \vartheta_s \quad . \quad . \quad (74\,\mathrm{a})$$

oder

$$A W_g = -\frac{\sqrt{2}}{\pi} \cdot 3 \cdot \frac{\sin \dfrac{a\pi}{2}}{\dfrac{a\pi}{2}} \, w_1 \cdot I_s \quad \ldots \ldots \text{(74 b)}$$

Für symmetrische Belastung wird $I_s = I_q$, und $\vartheta_s = \vartheta$, und damit Gl. (74 b):

$$A W_g = -\frac{\sqrt{2}}{\pi} \cdot 3 \cdot \frac{\sin \dfrac{a\pi}{2}}{\dfrac{a\pi}{2}} \, w_1 \cdot I_q$$

(vgl. St. T. S. 514, Gl. (1) und (2); S. 515, Gl. (6).

Für den Fall der Einphasenbelastung fanden wir, Gl. (40) (S. 24):

$$I_s = \frac{I_1}{\sqrt{3}} \quad \ldots \ldots \ldots \text{(40)}$$

Sind nun, wie dies bei Einphasengeneratoren üblich ist, zwei Phasen hintereinander geschaltet, dann ist die Windungszahl w_1' dieser Kombination mit der in Gl. (8) definierten Windungszahl verknüpft durch die Relation:

$$w_1 = \frac{w_1'}{\sqrt{3}} \quad \ldots \ldots \ldots \text{(75)}$$

Setzen wir nun Gl. (75) und Gl. (40) in Gl. (74 b) ein, dann erhalten wir für den Fall der Einphasenbelastung:

$$A W_g = -\frac{\sqrt{2}}{\pi} \cdot \frac{\sin \dfrac{a\pi}{2}}{\dfrac{a\pi}{2}} \cdot w_1' \cdot I_1 \quad \ldots \text{(76)}$$

[vgl. Wengner, S. 19, Gl. (21)].

Zusammenfassung.

Die Ankerreaktion des unsymmetrisch belasteten Generators mit k o n z e n t r i e r t e r E r r e g e r w i c k l u n g

kann aufgefaßt werden als die Summe von vier Drehfeldern.

Die Gleichungen dieser Drehfelder sind unten hervorgehoben. Die Koordinatensysteme, auf welche sich diese Gleichungen beziehen, fallen alle zur Zeit $t = 0$ mit der Nute I
zusammen. (Die Punktzahl hinter den Pfeilen deutet den
Grad des Übersynchronismus gegenüber der Ankerwicklung
an, welche als ruhend angenommen wurde.)

S y n c h r o n:

$$(I) \quad \overset{\leftarrow \cdot}{\mathfrak{h}}_{s \cdot q} = \left\{ - \frac{3\,c}{2} \cdot c_q \cdot I_s \cdot \cos \vartheta_s \right\} \cdot \cos \frac{2\,\pi}{X} \xi \quad . \quad . \; (67\,\mathrm{a})$$

$$(II) \quad \overset{\leftarrow \cdot}{\mathfrak{h}}_{s \cdot y} = \left\{ - \frac{3\,c}{2} \cdot c_y \cdot I_s \cdot \sin \vartheta_s \right\} \cdot \sin \frac{2\,\pi}{X} \xi \quad . \quad . \; (67\,\mathrm{b})$$

I n v e r s:

$$(III) \quad \overset{\cdot \rightarrow}{\mathfrak{h}}_i' = \left\{ + \frac{3\,c}{2} \cdot \quad a \cdot \quad I_i \right\} \cdot \cos \left(\frac{2\,\pi}{X} \xi' + \vartheta_i \right) \quad (57)$$

$$(IV) \quad \overset{\leftarrow \cdots}{\mathfrak{h}}_i''' = \left\{ - \frac{3\,c}{2} \cdot \frac{\sin a\,\pi}{\pi} I_i \right\} \cdot \cos \left(\frac{2\,\pi}{X} \xi'' - \vartheta_i \right) \quad (58)$$

§ 4. Die E.M.K.K. der Ankerwicklung und die Reaktanzen bei offener Magnetwicklung.

Denken wir uns einen Leiter von der Länge L, dessen
Windungszahl w_1 sei. Über diesen Leiter streiche nun ein
Drehfeld, welches sinusförmigen Verlauf habe. Wir wollen
nun das Drehfeld in bezug auf ein Koordinatensystem betrachten, dessen Ursprung zur Zeit $t = 0$ mit diesem Leiter zu-
sammenfiel.

Das System bewege sich mit der Geschwindigkeit:

$$\mathbf{v} = \varepsilon \cdot \frac{X}{T} \quad . \quad . \quad . \quad . \quad . \quad . \; (77)$$

Es bedeutet hier also ε den Grad des Übersynchronismus. Die Gleichung des mit dem genannten Koordinatensystem synchron umlaufenden Drehfeldes in bezug auf dieses Koordinatensystem lautet, analog Gl. (20) und (21):

$$\mathfrak{h}_m = H_m \cos\left(m \cdot \frac{2\pi}{X}\lambda - \vartheta\right) \quad . \quad . \quad . \quad . \quad (78)$$

Es bedeuten in dieser Gleichung H_m die Amplitude, λ die Abszissen und $\mathfrak{h}_m$ die Ordinaten des Drehfeldes. Der Index m deutet auf die Harmonische hin.

Die Feldstärke, in der sich der Leiter zur Zeit t befindet, sei $\mathfrak{h}_{mt}$.

Wir finden dann, indem wir in Gl. (78) einsetzen:

$$\lambda = \mathrm{v}\,t \qquad \text{nud aus (Gl. 77)} \qquad \mathrm{v} = \varepsilon \cdot \frac{X}{T}.$$

$$\mathfrak{h}_{mt} = H_m \cdot \cos\left(\varepsilon \cdot m \cdot \frac{2\pi}{T}t \pm \vartheta\right) \quad . \quad . \quad . \quad . \quad (79)$$

Dabei ist in der Klammer das $+$-Zeichen zu nehmen für rechtsdrehende Felder, das $-$-Zeichen für linksdrehende Felder, wie ohne weiteres aus Fig. 13 hervorgeht.

Die E. M. K. in unserem Leiter läßt sich nun sofort nach dem bekannten Grundgesetz:

$$e = H \cdot \mathrm{v} \cdot L \cdot 10^{-8} \quad . \quad . \quad . \quad . \quad . \quad (80a)$$

angeben.

Dabei ist zu beachten, daß für ein rechtsdrehendes Drehfeld die E. M. K. negativ wird, während für ein linksdrehendes das Umgekehrte der Fall ist.

Sind nun $2\,p$-Spulen hintereinander geschaltet, deren Windungszahl

$$\mathrm{w}_m = f_m \cdot \frac{\mathfrak{z} \cdot \mathfrak{w}}{\mathfrak{a}}$$

sei, dann erhalten wir

$$e_m = (2\,p \cdot \mathrm{w}_m)\,\mathfrak{h}_{mt} \cdot \mathrm{v} \cdot L \cdot 10^{-8} \quad . \quad . \quad . \quad (80b)$$

wobei wiederum die Bemerkung wie bei Gl. (80 a) gilt. Setzen wir nun aus Gl. (77) und Gl. (79) die betreffenden Werte in Gl. (80 b) ein, dann erhalten wir:

$$e_m = \pm H_m \; \varepsilon \cdot \frac{X}{T} \cdot L \cdot 2\,p \cdot \mathrm{w}_m \cdot 10^{-8} \cos\left(\varepsilon \cdot m \cdot \frac{2\pi}{T}\, t \mp \vartheta\right) \quad (81)$$

Dabei ist als Vorzeichen des Ganzen zu nehmen [in Zusammenhang mit der Bemerkung zu Gl. (80 a)]:

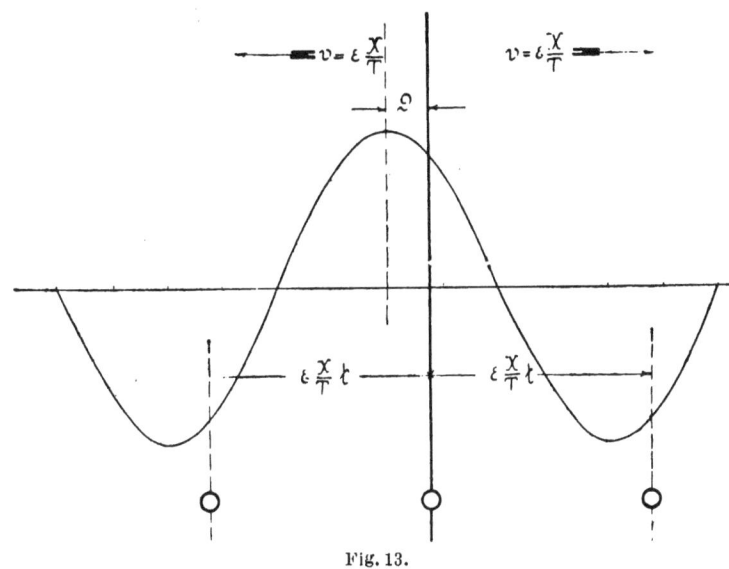

Fig. 13.

$+$ für linksdrehende Felder,
$-$ für rechtsdrehende Felder.

Da wir vorderhand nur die erste Harmonische in Betracht ziehen, ist $m = 1$ zu setzen. (Bei e_1 und H_1 wird der Index fortgelassen.) Es läßt sich für unseren Fall die Amplitude eines Drehfeldes immer in Zusammenhang bringen mit dem es erzeugenden Strome. Nach Analogie von Gl. (10) können wir schreiben:

$$H = -\frac{3c}{2} \cdot c' \, J = -\frac{3}{2} \cdot \frac{16}{10} \cdot \frac{\sqrt{2}}{2\,\delta''} \cdot \mathrm{w}_1 \cdot c' \cdot J \quad . \quad . \quad (82)$$

[vgl. Gl. (10) bzw. (44) und (45)].

Bezeichnen wir mit R den Ankereisenradius, so ist:

$$p \cdot X = 2\pi R \ . \quad . \quad . \quad . \quad . \quad . \quad (83a)$$

ferner ist:

$$\frac{1}{T} = \nu \ \text{(sek. Periodenzahl)} \ . \quad . \quad . \quad . \quad . \quad . \quad (83b)$$

dann ergibt Gl. (83 a) und Gl. (83 b), sowie Gl. (82) und Gl. (81):

$$e = \mp \frac{48\,\pi}{10} \sqrt{2} \cdot c' \cdot \mathrm{w_1}^2 \frac{R \cdot L}{\delta''} \cdot \varepsilon \cdot \nu \cdot 10^{-8} \cdot \cos\left(\varepsilon \cdot \frac{2\,\pi}{T} t \mp \vartheta_i'\right) I$$

$$. \quad . \quad . \quad . \quad . \quad . \quad . \quad . \quad (84)$$

Die E. M. K. K., welche die am Schlusse .des vorigen Paragraphen zitierten Drehfelder in der Phase I erzeugen, können nun mittels Gl. (84) sofort angeschrieben werden.

Es wird für:

I (Gl. (67 a), Seite 35):

$$e = e_q; \quad \overleftarrow{\varepsilon = 1}; \quad c' = c_q \cdot \cos\vartheta_s; \quad \vartheta' = 0; \quad I = I_s \ . \quad (85a)$$

II (Gl. (67 b), Seite 35):

$$e = e_y; \quad \overleftarrow{\varepsilon = 1}; \quad c' = c_y \ \sin\vartheta_s; \quad \vartheta' = \frac{\pi}{2}; \quad I = I_s \ . \quad (85b)$$

III (Gl. (57), Seite 31):

$$e = e_i^{(1)}; \quad \overrightarrow{\varepsilon = 1}; \quad c' = -\alpha; \quad \vartheta' = \vartheta_i; \quad I = I_i \ . \quad (86a)$$

IV (Gl. (58), Seite 31):

$$e = e_i^{(3)}; \quad \overleftarrow{\varepsilon = 3}; \quad c' = \frac{\sin\alpha\pi}{\pi}; \quad \vartheta' = \vartheta_i; \quad I = I_i \ . \quad (86b)$$

Setzen wir nun die Werte der Gl. (85 a) bis (86 b) in Gl. (84) ein, dann erhalten wir:

$$e_q = \left(-\frac{48\,\pi}{10} \sqrt{2} \cdot c_q \ \cos\vartheta_s \cdot \mathrm{w_1}^2 \cdot \frac{R \cdot L}{\delta''} \cdot \nu \cdot 10^{-8}\right) I_s \cdot \cos\frac{2\,\pi}{T} t \ (87a)$$

$$e_y = \left(-\frac{48\,\pi}{10} \sqrt{2} \cdot c_y \cdot \sin\vartheta_s \cdot \mathrm{w_1}^2 \cdot \frac{R \cdot L}{\delta''} \cdot \nu \cdot 10^{-8}\right) I_s \cdot \sin\frac{2\,\pi}{T} t \ (88a)$$

$$e_i^{(1)} = \left(-\frac{48\pi}{10} \cdot \sqrt{2} \cdot a \cdot \mathrm{w}_1^2 \cdot \frac{R \cdot L}{\delta''} \cdot \nu \cdot 10^{-8} \right) I_i \cdot$$

$$\cos\left(\frac{2\pi}{T} t - \vartheta_i \right) \quad \ldots \quad \ldots \quad \text{(89a)}$$

$$e_i^{(3)} = \left(-\frac{48\pi}{10} \cdot \sqrt{2} \cdot \frac{\sin a\pi}{\pi} \mathrm{w}_1^2 \cdot \frac{R \cdot L}{\delta''} \cdot 3 \cdot \nu \cdot 10^{-8} \right) \cdot I_i \cdot$$

$$\cos\left(3\frac{2\pi}{T} t - \vartheta_i \right) \quad \ldots \quad \ldots \quad \text{(90a)}$$

Die Effektivwerte E_q, E_g, $E_i^{(1)}$ und $E_i^{(3)}$ beziffern sich demnach auf:

$$E_q = \frac{48\pi}{10} c_q \cdot \cos \vartheta_s \mathrm{w}_1^2 \cdot \frac{R \, L}{\delta''} \cdot \nu \cdot 10^{-8} \cdot I_s \quad \text{(87b)}$$

$$E_g = \frac{48\pi}{10} c_g \cdot \sin \vartheta_s \mathrm{w}_1^2 \cdot \frac{R \cdot L}{\delta''} \cdot \nu \cdot 10^{-8} \cdot I_s \quad \text{(88b)}$$

$$E_i^{(1)} = \frac{48\pi}{10} \cdot a \cdot \mathrm{w}_1^2 \cdot \frac{R \cdot L}{\delta''} \cdot \nu \cdot 10^{-8} \, I_i \quad \text{(89b)}$$

$$E_i^{(3)} = \frac{48\pi}{10} \cdot \frac{\sin a\pi}{\pi} \mathrm{w}_1^2 \cdot \frac{R \cdot L}{\delta''} \cdot 3 \cdot \nu \cdot 10^{-8} \, I_i \quad \text{(90b)}$$

Wir setzen nun:

$$\frac{E_q}{I_s \cos \vartheta_s} = k_q = \frac{48\pi}{10} \cdot c_q \cdot \mathrm{w}_1^2 \cdot \frac{R \cdot L}{\delta''} \cdot \nu \cdot 10^{-8} \quad \text{(87c)}$$

$$\frac{E_g}{I_s \sin \vartheta_s} = k_g = \frac{48\pi}{10} \cdot c_g \cdot \mathrm{w}_1^2 \cdot \frac{R \cdot L}{\delta''} \cdot \nu \cdot 10^{-8} \quad \text{(88c)}$$

$$\frac{E_i^{(1)}}{I_i} = k_i^{(1)} = \frac{48\pi}{10} \cdot a \cdot \mathrm{w}_1^2 \cdot \frac{R \cdot L}{\delta''} \cdot \nu \cdot 10^{-8} \quad \text{(89c)}$$

$$\frac{E_i^{(3)}}{I_i} = k_i^{(3)} = \frac{48\pi}{10} \cdot \frac{\sin a\pi}{\pi} \cdot \mathrm{w}_1^2 \cdot \frac{R \cdot L}{\delta''} 3 \cdot \nu \cdot 10^{-8} \quad \text{(90c)}$$

Im Zusammenhang mit Gl. (87 a) und (88 a) können wir nun aussagen, daß die Querfeldspannung e_q der Spannung des Magnetfeldes in der Nute I:

$$e = E_1 \cdot \sqrt{2} \cdot \sin \frac{2\pi}{T} t \quad \ldots \ldots \text{(1a)}$$

um $\frac{\pi}{2}$ nacheilt, und daß die Gegenfeldspannung e_g zu e in Opposition steht.

Die Absolutwerte sind:

$$E_q = k_q \cdot I_s \cdot \cos \vartheta_s \quad \ldots \ldots \text{(91)}$$
$$E_g = k_g \cdot I_s \cdot \sin \vartheta_s \quad \ldots \ldots \text{(92)}$$

Die Spannung $E_i^{(1)}$ eilt dem sie erzeugenden Strome um $\frac{\pi}{2}$ nach und ist ihm proportional (Gl. 89 a).

Dies können wir vektoriell ausdrücken:

$$\dot{E}_i^{(1)} = j\,k_i^{(1)}\,\dot{I}_i \quad \ldots \ldots \text{(93)}$$

Analog können wir schreiben (vgl. Gl. (90 a)):

$$\dot{E}_i^{(3)} = j\,k_i^{(3)}\,\dot{I}_i \quad \ldots \ldots \text{(94)}$$

Es ließe sich allerdings gegen diese Schreibart einwenden, daß hier eine Spannung der dreifachen Periodenzahl vektoriell mit einem Strome, welcher in einfachem Rhythmus pulsiert, verknüpft ist. Dieser knappen und übersichtlichen Form der Darstellung kann man aber eine Bedeutung beilegen, indem man sich den Stromvektor $\dot{I}_i$ mit der betreffenden (hier dreifachen) Periodenzahl bewegt denkt (vgl. auch Wengner, S. 27).

Damit sind die in der Nute I auftretenden Spannungen, soweit sie vom Magnetfelde oder von den Ankerdrehfeldern herrühren, erledigt.

Es tritt weiter noch die Streuspannung auf, welche von dem pulsierenden Felde herrührt, welches um die Spulenköpfe

in der Luft und um die Wicklung herum im Ankereisen ver-
läuft, ohne mit dem Magnetfelde verknüpft zu sein. Diese
Streuspannung wird der wirklichen Phasenbelastung propor-
tional sein und bietet der Theorie des symmetrisch gespeisten
Generators gegenüber nichts Neues. Wir entnehmen der
Starkstromtechnik (S. 516):

$$\dot{E}_0 = j\, k_0 \cdot \dot{I}_1 \quad \ldots \ldots \quad (95a)$$

wenn:

$$k_0 = 8\pi \cdot v \cdot p \cdot (L + 0.2\, L_s) \cdot w_1{}^2 \cdot 10^{-8} \quad \ldots \quad (95b)$$

Falls wir unter L die Ankerbreite und unter L_s die mittlere
Länge einer Stirnverbindung verstehen.

Schließlich kann man sich noch dem Ohmschen Spannungsabfall durch eine Spannung:

$$\dot{E}_r = -r\, \dot{I}_1 \quad \ldots \ldots \quad (96)$$

ersetzt denken, wenn $r =$ Widerstand einer Phase.

Dies sind alle Spannungen, welche in einer Phase auftreten, und ihre geometrische Summe liefert die Phasenspannung.

Für den Spezialfall der symmetrischen Belastung wird
$I_i = 0$ und damit $E_i{}^{(1)}$ ebenso wie $E_i{}^{(3)} = 0$.

Mit $I_s = I_\varphi$ erhalten wir die üblichen Quer- bzw. Gegen-
feldspannungen.

Für die Einphasenbelastung haben wir wiederum Gl. (40),
welche lautet:

$$I_i = \frac{I_1}{\sqrt{3}} \quad \ldots \ldots \quad (40)$$

einzuführen.

Durch das Hintereinanderschälten zweier Nuten steht
die verkettete Spannung E_i senkrecht zu I_1, wie aus Fig. 7
hervorgeht. Außerdem wird:

$$E_i{}^{(1)} = \sqrt{3}\, E_{i1}{}^{(1)} \quad \ldots \ldots \quad (97)$$

wobei $E_{i1}{}^{(1)} =$ Phasenspannung der ersten Harmonischen in
Nute I für unsymmetrische Drehstrombelastung.

Weiter ist (vgl. Gl. (75), S. 38):

$$w_1 = \frac{w_1'}{\sqrt{3}} \quad \cdots \quad \cdots \quad (75)$$

Aus Gl. (65 a) und (65 b) geht nun aber hervor:

$$a = \frac{c_g + c_q}{2} \quad \cdots \quad \cdots \quad (98)$$

$$\frac{\sin a\pi}{\pi} = \frac{c_g - c_q}{2} \quad \cdots \quad \cdots \quad (99)$$

Wir finden dann für Einphasenbelastung:

$$\dot{E}_i^{(1)} = j \cdot \frac{8\pi}{10} \cdot (c_g + c_q) \quad \cdot v \cdot \frac{R \cdot L}{\delta''} \cdot w_1^{2\prime} \cdot 10^{-8} \cdot \dot{I}_1 \quad (100)$$

$$\dot{E}_i^{(3)} = j \cdot \frac{8\pi}{10} \cdot (c_g - c_q) \cdot 3 \cdot v \cdot \frac{R \cdot L}{\delta''} \cdot w_1^{2\prime} \cdot 10^{-8} \; \dot{I}_1 \quad (101)$$

(vgl. Wengner, S. 29, Gl. (30) und (31)).

Zusammenfassung.

Die Phasenspannung einer unsymmetrisch belasteten Drehstrommaschine kann aufgefaßt werden als die resultierende Spannung aus sieben elektromotorischen Kräften.

Diese elektromotorischen Kräfte sind je nach ihrer Herkunft proportional der wirklichen Strombelastung, der symmetrischen oder der inversen Komponente des unsymmetrischen Systemes. Die elektromotorische Kraft des Magnetfeldes ist von den Ankerströmen nicht abhängig.

Es sind:

a) Proportional dem Phasenstrome I_1:

$$\dot{E}_\sigma = j\,k_\sigma\,\dot{I}_1 \quad \cdots \quad \cdots \quad (95a)$$

$$\dot{E}_r = -r\,\dot{I}_1 \quad \cdots \quad \cdots \quad (96)$$

b) Proportional der symmetrischen Komponente I_s und $\cos \vartheta_s$ bzw. $\sin \vartheta_s$:

$$E_q = \quad k_q \cdot I_s \cdot \cos \vartheta_s \text{ (eilt } E_1 \text{ um } \frac{\pi}{2} \text{ nach)} \quad . \quad (91)$$

$$E_g = - k_g \cdot I_s \cdot \sin \vartheta_s \text{ (in Opposition mit } E_1) \; . \quad (92)$$

c) Proportional der inversen Komponente I_i:

$$\dot{E}_i{}^{(1)} = j\, k_i{}^{(1)} \dot{I}_i \quad . \quad . \quad . \quad . \quad . \quad . \quad (93)$$

$$\dot{E}_i{}^{(3)} = j\, k_i{}^{(3)} \dot{I}_i \quad . \quad . \quad . \quad . \quad . \quad . \quad (94)$$

d) Abhängig von der Erregung:

$$E_1 \quad . \quad . \quad . \quad . \quad . \quad . \quad . \quad . \quad . \quad . \quad . \quad (1a)$$

§ 5. Die Reaktanzen bei geschlossener Magnetwicklung.

Es wurde im vorigen Paragraphen stillschweigend angenommen, daß die ermittelten Drehfelder n u r die eigene Ankerwicklung schneiden. Diese Überlegungen erfahren nun eine Komplikation, da diese Voraussetzung nicht zutrifft. Die Drehfelder, welche die Ankerreaktion liefert, schneiden (wenigstens zwei davon) auch die Erregerwicklung. Wäre diese Erregerwicklung offen, so würde dies keine weiteren Folgen für die Ankerspannung haben.

Da nun aber die Erregerwicklung eine geschlossene Wicklung darstellt, wird ein induzierter Strom und damit ein induziertes Feld entstehen, welches die Ankerfelder, und damit die Ankerspannungen beeinflußt.

Von allen Feldern, welche in § 3 ermittelt wurden, können nur solche in der Magnetwicklung eine Spannung hervorrufen, welche sich dieser Wicklung gegenüber in relativer Bewegung befinden. Dadurch scheiden die synchronen Felder für diese Betrachtungen aus.

Das inverse Feld der Gl. (57):

$$\mathfrak{h}' = a \overrightarrow{\mathfrak{H}_i} \cos\left(\frac{2\pi}{X}\,\xi' + \vartheta_i\right) \quad \ldots \quad (57)$$

bewegt sich mit einfach synchroner Geschwindigkeit über die Ankerwicklung hinweg nach rechts; folglich bewegt es sich gegenüber der Magnetwicklung mit doppelt synchroner Geschwindigkeit nach rechts.

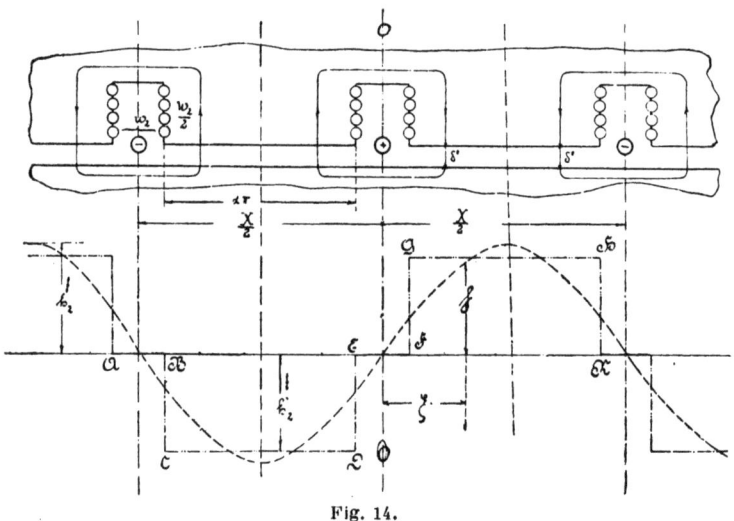

Fig. 14.

Das inverse Feld der Gl. (58):

$$\mathfrak{h}_i''' = -\frac{\sin a\pi}{\pi}\,\mathfrak{H}_i \cos\left(\frac{2\pi}{X}\,\xi''' - \vartheta_i\right). \quad \ldots \quad (58)$$

welches sich gegen den Anker mit dreifach synchroner Geschwindigkeit nach links bewegt, rotiert also gegenüber der Magnetwicklung mit doppelt synchroner Geschwindigkeit, ebenfalls nach links. Es sei nun die doppelte Windungszahl pro Pol mit w_2 bezeichnet. Da wir nun in § 3 gleichsam die Pollücken eliminiert haben (was sich darin ausdrückt, daß Gl. (57) und Gl. (58) den Faktor a enthalten!) müssen wir uns die Magnetwicklung in den Mittellinien der Amperewindungen konzentriert denken (vgl. Fig. 14).

Das Feld der Gl. (57) erzeugt eine E. M. K. in die Magnet-wicklung, welche mit e' bezeichnet sei, diejenige der Gl. (58) sei e'''.

Die Summe dieser beiden E. M. K. K. sei e_{12}; sie stellt die totale E. M. K. dar, welche vom Ankerfeld in die Magnetwicklung induziert wird. Also:

$$e_{12} = e' + e''' \quad \ldots \ldots \ldots \ldots \quad (102)$$

Die Teil - E. M. K. K. können wir nun aber sofort an-schreiben. Wir brauchen dazu bloß für e''' aus Gl. (58) in Gl. (81), für H_m den Wert $-\dfrac{\sin a\pi}{\pi}\,\mathfrak{H}_i$ einzuführen, und für e' aus Gl. (57) in die Gl. (81) für H_m den Wert $a\,\mathfrak{H}_i$.

Wir erhalten dann:

$$e' = -\quad a \quad \mathfrak{H}_i\,2 \cdot \frac{X}{T}\,L \cdot 2\,p \cdot \mathrm{w}_2\,\cos\left(2\,\frac{2\,\pi}{T}\,t - \vartheta_i\right) \cdot 10^{-8}$$
$$\ldots \ldots \ldots \ldots \quad (103\,\mathrm{a})$$

$$e''' = -\frac{\sin a\pi}{\pi}\,\mathfrak{H}_i\,2 \cdot \frac{X}{T} \cdot L \cdot 2\,p \quad \mathrm{w}_2 \cdot \cos\left(2\,\frac{2\,\pi}{T}\,t - \vartheta_i\right) \cdot 10^{-8}$$
$$\ldots \ldots \ldots \ldots \quad (103\,\mathrm{b})$$

Durch Addition der Gl. (103 a) und Gl. (103 b) erhalten wir, indem wir Gl. (65 b) beachten, die Beziehung:

$$e_{12} = -c_{ii} \cdot \mathfrak{H}_i\,2\,p \cdot \mathrm{w}_2\,2 \cdot \frac{X}{T}\,L\,\cos\left(2\,\frac{2\,\pi}{T}\,t - \vartheta_i\right) . \quad (104)$$

Setzen wir nun wiederum:

$$\mathfrak{H}_i = +\frac{3\,c}{2} \cdot I_i \quad (\text{vgl. Gl. 29 S. 16}) \quad . \ . \quad (105)$$

dann erhalten wir nach den üblichen Umformungen die Effektiv-E. M. K. der inversen Ankerdrehfelder in der Magnetwick-lung zu:

$$E_{12} = -\frac{48\,\pi}{10} \cdot 2 \cdot v \cdot \mathrm{w}_1\ \mathrm{w}_2 \cdot \frac{R \cdot L}{\delta''} \cdot c_g \cdot 10^{-8} \cdot I_i \cos\left(2\,\frac{2\,\pi}{T}\,t \quad \vartheta_i\right)$$

$$\dots \dots (106)$$

Oder:

$$\dot{E}_{12} = j\,k_{12} \cdot \dot{I}_i \ \dots \dots (107\,\mathrm{a})$$

wenn:

$$k_{12} = \frac{48\,\pi}{10} \cdot 2 \cdot v \cdot \mathrm{w}_1 \cdot \mathrm{w}_2 \cdot c_g \cdot \frac{R \cdot L}{\delta''} \cdot 10^{-8} \ . \ . \ (107\,\mathrm{b})$$

Zur Erläuterung der Indices sei erwähnt, daß wir für diese Betrachtungen den Anker als Wicklung 1 einführen und die Magnetwicklung als Wicklung 2. Es bedeutet also E_{12} diejenige Spannung, welche vom Felde der Wicklung 1 in die Wicklung 2 induziert wird.

Die Wechselspannung E_{12} wird einen Strom in der Magnetwicklung hervorrufen, dessen Momentanwert mit i_2 bezeichnet sei. Der Effektivwert sei I_2 und damit die Amplitude des Sinusstromes $I_2 \sqrt{2}$. Dieser Strom besitzt, wie die ihn erzeugende Spannung, die doppelte Frequenz der Grundgrößen.

Es wird also ganz allgemein:

$$i_2 = I_2 \sqrt{2} \sin\left(2\,\frac{2\,\pi}{T}\,t - K\right) \ . \ . \ . \ . \ (108)$$

Das pulsierende Feld, welches von diesem Strome erzeugt wird, weist eine Rechtecksform auf. Die Breite ist $a \cdot t_p = a\pi = a \cdot \dfrac{X}{2}$. (vgl. Fig. 14). Auch für dieses Feld gelten alle Einschränkungen und Bedingungen, welche auf Seite 5 erörtert wurden.

Die mit der Zeit variable Höhe des Rechtecksfeldes sei nun h_2'.

Zerlegen wir nun die periodische Funktion $A\,B\,C\,D$ der Fig. 14 in Harmonische, so wird die Amplitude der ersten Harmonischen (h_2) nach einem bekannten Satz der harmonischen Analyse:

$$h_2 = \frac{4}{\pi} \cdot \sin\frac{a\,\pi}{2}\,h_2' \ . \ . \ . \ . \ (109)$$

Die höheren harmonischen Komponenten sollen nicht in Betracht gezogen werden (vgl. Wengner, S. 33).

Aus dem Amperewindungssatz erhalten wir:

$$h_2' = \frac{4\pi}{10} \cdot \frac{w_2\, i_2}{2\, \delta''} \quad \ldots \quad (110)$$

Es ergibt nun Gl. (110), eingesetzt in Gl. (109), indem wir Rücksicht auf Gl. (108) nehmen:

$$h_2 = \frac{16}{10} \cdot \frac{w_2}{2\, \delta''} \cdot \sin\frac{a\pi}{2}\, \sqrt{2}\, I_2 \sin\left(2\frac{2\pi}{T} t - K\right). \quad (111)$$

Die Gleichung des pulsierenden Feldes in bezug auf das synchrone Koordinatensystem lautet:

$$\mathfrak{h}_2 = h_2 \sin\frac{2\pi}{X}\, \xi \quad . \quad . \quad . \quad . \quad (112)$$

Gl. (111) mit Gl. (112) kombiniert ergibt:

$$\mathfrak{h}_2 = \frac{16}{10} \cdot \frac{w_2}{2\, \delta''} \cdot \sin\frac{a\pi}{2} \cdot \sqrt{2} \cdot I_2 \sin\left(2\frac{2\pi}{T} t - K\right)\sin\frac{2\pi}{X}\, \xi \quad (113)$$

Entwickeln wir nun diese Formel weiter, dann erhalten wir den Ausdruck:

$$\mathfrak{h}_2 = \frac{c'}{2}\, I_2 \left\{ \cos\left[\left(2\frac{2\pi}{T} t - K\right) - \frac{2\pi}{X}\, \xi\right] + \right.$$
$$\left. - \cos\left[\left(2\frac{2\pi}{T} t - K\right) + \frac{2\pi}{X}\, \xi\right] \right\} \quad . \quad . \quad . \quad (114)$$

wobei gesetzt ist:

$$c' = \frac{8\,|\,2}{10} \cdot \frac{w_2}{\delta''} \cdot \sin\frac{a\pi}{2} \quad . \quad . \quad . \quad (115)$$

Ein Blick auf die Gl. (16 a) bis (17 c) verrät uns aber sofort, daß der erste Teil der Gl. (114) ein mit doppelt synchroner Geschwindigkeit nach links sich bewegendes Drehfeld darstellt. Natürlich in Bezug auf das Koordinatensystem, für welches die Gl. (114) gültig ist, d. h. das synchrone.

Der erste Teil ist also ein Stehfeld für das gleiche System wie das System der Gl. (57), S. 31. Es sind also die »stillgesetzten« Abszissen ξ', während wir die Ordinaten mit $\mathfrak{h}_2'$ bezeichnen wollen. Es wird:

$$\mathfrak{h}_2' = + \overset{\centerdot\longrightarrow}{\frac{c'}{2}} \cdot I_2 \cdot \cos\left(\frac{2\pi}{X} \xi' + K\right) \quad . \quad . \quad (116)$$

Da dieses Feld mit doppelt synchroner Geschwindigkeit sich nach links über die Magnetwicklung bewegt, rotiert es mit einfach synchroner Geschwindigkeit nach links über die Ankerwicklung und ist also in Ruhe zum Felde:

$$\mathfrak{h}' = + \overset{\centerdot\longrightarrow}{\frac{3c}{2}} \cdot a \cdot I_i \cdot \cos\left(\frac{2\pi}{X} \xi' + \vartheta_i\right) \quad . \quad . \quad . \quad (57)$$

Der zweite Teil ist ein Stehfeld für das gleiche System wie für das System der Gl. (58), S. 31. Die »stillgesetzten« Abszissen sind für dieses System mit ξ''' bezeichnet, die Ordinaten seien $\mathfrak{h}_2'''$. Es wird:

$$\mathfrak{h}_2''' = - \frac{c_1'}{2} \cdot I_2 \cdot \cos\overset{\longleftarrow\centerdot\centerdot}{\left(\frac{2\pi}{X} \xi''' - \dot{K}\right)}. \quad . \quad (117)$$

also in Ruhe zu:

$$\mathfrak{h}''' = - \frac{3c}{2} \cdot \frac{\sin a\pi}{\pi} \cdot I_i \cdot \cos\overset{\longleftarrow\centerdot\centerdot}{\left(\frac{2\pi}{X} \xi''' - \vartheta_i\right)} \quad . \quad (58)$$

(Begründung analog wie vorne.)

Es läßt sich nun unschwierig den Beweis leisten, daß I_2 und I_1 nahezu in Opposition sind und also genannte Felder sich paarweise arithmetisch addieren.

Es erzeugt das Feld der Gl. (116) sowie dasjenige der Gl. (117) in der eigenen Wicklung E. M. K. K., welche mit e_{22}' bzw. e_{22}''' bezeichnet sein mögen.

Vermittels Gl. (81) lassen sich diese E. M. K. K. aber sofort anschreiben zu:

$$e_{22}' = -\frac{c'}{2} \cdot 2 \cdot \frac{X}{T} \cdot 2 \cdot p \cdot L \cdot w_2 \cdot I_2 \cos\left(2\frac{2\pi}{T}t - K\right) \quad (118\,a)$$

$$e_{22}''' = -\frac{c'}{2} \cdot 2 \cdot \frac{X}{T} \cdot 2 \cdot p \cdot L \cdot w_2 \cdot I_2 \cos\left(2\frac{2\pi}{T}t - K\right) \quad (118\,b)$$

Aus diesen beiden Gleichungen geht hervor, daß diese zwei elektromotorischen Kräfte identisch sind. Ihre Summe möge nun mit e_{22} bezeichnet sein.

Setzen wir nun Gl. (118 a) und Gl. (118 b) in Gl. (115), (83 a) und (83 b) ein, dann erhalten wir:

$$e_{22} = -\frac{32\,\pi\sqrt{2}}{10} \cdot 2 \cdot v \cdot \frac{R \cdot L}{\delta''} \cdot w_2^2 \sin\frac{a\pi}{2} \cdot I_2 \cos\left(2\frac{2\pi}{T}t - K\right)$$
$$\qquad\qquad\qquad\qquad\qquad\qquad \cdot\; \cdot\; \cdot\; \cdot\; \cdot\; \cdot\; \cdot\; (119)$$

Der Effektivwert schreibt sich somit:

$$\dot{E}_{22} = j\,k_{22}\,\dot{I}_2 \quad\cdot\quad\cdot\quad\cdot\quad\cdot\quad\cdot\quad (120\,a)$$

Falls:

$$k_{22} = \frac{32\,\pi}{10} \cdot 2 \cdot v \cdot \frac{R \cdot L}{\delta''} \cdot w_2^2 \cdot \sin\frac{a\pi}{2} \cdot 10^{-8} \quad . \quad (120\,b)$$

Außer den schon erwähnten Spannungen treten in der Magnetwicklung noch auf:

$$\dot{E}_{2\sigma} = j\,k_{2\sigma} \cdot \dot{I}_2 \text{ (Streuspannung)} \quad . \quad . \quad . \quad (121)$$

$$\dot{E}_{2r} = -\;r_2\;\dot{I}_2 \text{ (Ohmscher Spannungs-Abfall)} \quad (122)$$

wenn r_2 = Widerstand der Magnetwicklung.

Es muß für die Magnetwicklung erfüllt sein:

$$\dot{E}_{12} + \underbrace{\dot{E}_{22} + \dot{E}_{2\sigma}}_{E_2} + \dot{E}_r = 0 \quad . \quad . \quad . \quad (123\,a)$$

oder:

$$\dot{E}_{12} + \dot{E}_2 + \dot{E}_r = 0 \quad . \quad . \quad . \quad . \quad . \quad (123\,\text{b})$$

im Zusammenhang mit den Gl. (107 a), (120 a), (121), (122);

$$j\,k_{12} \cdot \dot{I}_i + j\,\underbrace{(k_{22} + k_{2\,o})}_{k_2}\,\dot{I}_2 - r_2\,\dot{I}_2 = 0 \quad . \quad . \quad (123\,\text{c})$$

falls wir setzen:

$$k_{22} + k_{2\,o} = k_2 \quad . \quad . \quad . \quad . \quad . \quad (123\,\text{d})$$

Aus Gl. (123 c) läßt sich nun $\dot{I}_2$ in $\dot{I}_i$ ausdrücken. Vernachlässigt man $\left(\dfrac{r_2}{k_2}\right)^2$ gegenüber der Einheit, dann erhält man zunächst:

$$\dot{I}_2 = \frac{k_{12}}{k_2} \cdot \left(1 - j\,\frac{r_2}{k_2}\right)\dot{I}_i \quad . \quad . \quad . \quad (124)$$

Aber auch $\left(\dfrac{r_2}{k_2}\right)$ stellt immer gegenüber Eins eine zu vernachlässigende Größe dar, so daß wir mit sehr großer Annäherung schreiben können:

$$\dot{I}_2 = -\frac{k_{12}}{k_{22}\,(1 + \sigma_2)}\,\dot{I}_i \quad . \quad . \quad . \quad (125)$$

wo:

$$\sigma_2 = \frac{k_{2\,\sigma}}{k_{22}} \quad . \quad . \quad . \quad . \quad . \quad . \quad (126)$$

Setzen wir nun in Gl. (125) die Werte für k_{12} aus Gl. (107 b) und k_{22} aus Gl. (120 b) ein, dann erhalten wir:

$$\dot{I}_2 = -\frac{3}{2} \cdot \frac{1}{1 + \sigma_2} \cdot \frac{\text{w}_1}{\text{w}_2} \cdot \frac{c_y}{\sin\dfrac{a\,\pi}{2}} \cdot \dot{I}_i \quad . \quad . \quad (127\,\text{a})$$

Dies kann man schreiben zu:

$$\dot{I}_2 = -a \cdot \dot{I}_i \quad . \quad . \quad . \quad . \quad . \quad (127\,\text{b})$$

wenn:

$$a = +\frac{3}{2} \cdot \frac{1}{1 + \sigma_2} \cdot \frac{\text{w}_1}{\text{w}_2} \cdot \frac{c_y}{\sin\dfrac{a\,\pi}{2}} \quad . \quad . \quad (127\,\text{c})$$

gesetzt wird.

Gl. (127 b) ist aber der Beweis, daß I_2 und $\dot{I}_i$ in Opposition sind, wie vorhin behauptet wurde.

Daraus folgt weiter, daß:

$$\vartheta_i = K + \pi \quad \ldots \ldots \quad (128)$$

Setzen wir nun in Gl. (116):

$$\overset{\cdot\longrightarrow}{\underset{2}{c'}} I_2 = \overset{\cdot\longrightarrow}{\mathfrak{H}_2} \quad \ldots \ldots \quad (129\,\text{a})$$

und in Gl. (117):

$$\overset{\longleftarrow\cdots}{\underset{2}{c'}} \dot{I}_2 = \overset{\longleftarrow\cdots}{\dot{\mathfrak{H}}_2} \quad \ldots \ldots \quad (129\,\text{b})$$

dann lauten die paarweise zu addierenden Gleichungen, mit Beachtung von Gl. (128):

$$\mathfrak{h}_2' = - \qquad \overset{\longrightarrow}{\mathfrak{H}_2} \cdot \cos\left(\frac{2\,\pi}{X}\,\xi' + \vartheta_i\right) \Bigg| \quad . \quad . \quad (130)$$

$$\mathfrak{h}' = + \quad a \quad \overset{\longrightarrow}{\mathfrak{H}_i} \cdot \cos\left(\frac{2\,\pi}{X}\,\xi' + \vartheta_i\right) \Bigg| \quad . \quad . \quad . \quad (57)$$

$$\mathfrak{h}_2''' = + \qquad . \quad \overset{\longleftarrow\cdots}{\mathfrak{H}_2} \cdot \cos\left(\frac{2\,\pi}{X}\,\xi''' - \vartheta_i\right) \Bigg| \quad . \quad . \quad (131)$$

$$\mathfrak{h}''' = - \frac{\sin a\,\pi}{\pi} \quad \overset{\longleftarrow\cdots}{\mathfrak{H}_i} \quad \cos\left(\frac{2\,\pi}{X}\,\xi''' - \vartheta_i\right) \Bigg| \quad . \quad . \quad (58)$$

Die Amplitude der Summe des ersten Gleichungspaares wollen wir mit:

$$\overset{\cdot\longrightarrow}{\mathfrak{H}_{ig}}{}^{(1)}, \text{ diejenige des zweiten mit}$$

$$\overset{\longleftarrow\cdots}{\mathfrak{H}_{ig}}{}^{(3)} \text{ bezeichnen.}$$

Betreffs der Indizes sei bemerkt, daß das g die Abkürzung für »gedämpft« bedeutet, die anderen Indizes wurden schon an anderer Stelle erläutert.

Wir können nun anschreiben:

$$\overrightarrow{\mathfrak{H}}_{i_g}{}^{(1)} = a\,\overrightarrow{\mathfrak{H}}_i - \overrightarrow{\mathfrak{H}}_2 \quad \ldots \ldots \quad (132\,\mathrm{a})$$

$$\overleftarrow{\mathfrak{H}}_{i_g}{}^{(3)} = -\frac{\sin a\,\pi}{\pi}\,\overleftarrow{\mathfrak{H}}_i + \overleftarrow{\mathfrak{H}}_2 \quad \ldots \ldots \quad (132\,\mathrm{b})$$

Diese Gleichungen kann man umformen zu:

$$\frac{\overrightarrow{\mathfrak{H}}_{i_g}{}^{(1)}}{a\,\mathfrak{H}_i} = 1 - \varepsilon^{(1)} = f_d{}^{(1)} \quad \ldots \ldots \quad (133\,\mathrm{a})$$

$$\frac{\overleftarrow{\mathfrak{H}}_{i_g}{}^{(3)}}{-\dfrac{\sin a\,\pi}{\pi}\,\mathfrak{H}_i} = 1 - \varepsilon^{(3)} = f_d{}^{(3)} \quad \ldots \ldots \quad (133\,\mathrm{b})$$

Es schreibt sich somit:

$$\mathfrak{H}_{i_g}{}^{(1)} = + f_d{}^{(1)} \cdot a \cdot \mathfrak{H}_i \quad \ldots \ldots \quad (134\,\mathrm{a}$$

$$\mathfrak{H}_{i_g}{}^{(3)} = - f_d{}^{(3)} \cdot \frac{\sin a\,\pi}{\pi}\,\mathfrak{H}_i \quad \ldots \ldots \quad (134\,\mathrm{b})$$

Die Größen $f_d{}^{(1)}$ bzw. $f_d{}^{(3)}$ sind also nichts anderes wie die Faktoren, mit denen man die ungedämpften Drehfelder inverser Richtung zu multiplizieren hat, um die gedämpften Drehfelder zu bekommen. Daraus geht ohne weiteres hervor, daß auch die betreffenden E. M. K. K. und damit die betreffenden Reaktanzen mit diesen Dämpfungsfaktoren zu multiplizieren sind. Aus Gl. (133 a) bzw. Gl. (133 b) erhalten wir:

$$\varepsilon_1{}^{(1)} = \frac{\mathfrak{H}_2}{a\,\mathfrak{H}_i} = \frac{\dfrac{c'}{2}\cdot I_2}{a \cdot \dfrac{3\,c}{2}\,I_i} = 2\,\frac{c_g}{a}\,(1 + \sigma_2) \quad (135\,\mathrm{a})$$

$$\varepsilon_1{}^{(3)} = \frac{\mathfrak{H}_2}{\dfrac{\sin a\,\pi}{\pi}\,\mathfrak{H}_i} = \frac{\dfrac{c'}{2}\cdot I_2}{\dfrac{\sin a\,\pi}{\pi}\cdot\dfrac{3\,c}{2}\cdot I_i} = \frac{c_g}{2\dfrac{\sin a\,\pi}{\pi}\cdot(1 + \sigma_2)} \quad (135\,\mathrm{b})$$

indem wir die Gl. (129a), (129b), (115), (41), (127b) und (10) benutzen.

Aus den letzten Gleichungen geht hervor, daß die ε und damit die f für gleiche Werte von σ_2 lauter Faktoren von α sind.

Tabelle 1 und Fig. 15 geben nun Auskunft über den Einfluß der Dämpfung in Abhängigkeit des Polbedeckungsfaktors.

Tabelle I.

	A	A'	B	B'	C	D	E	F
α	$E_i{}^{(1)}$	$E_{i_g}{}^{(1)}$	$E_i{}^{(3)}$	$E_{i_g}{}^{(3)}$	$f_d{}^{(1)}$	$f_d{}^{(3)}$	$\dfrac{E_i{}^{(3)}}{E_i{}^{(1)}}$(ung)	$\dfrac{E_i{}^{(3)}}{E_i{}^{(1)}}$(ged.)
0,0	0,00	0,00	0,00	$+0,00$	0,14	$+0,14$	3,00	$+3,00$
0,1	0,10	0,01	0,29	$+0,04$	0,15	$+0,13$	2,95	$+2,56$
0,2	0,20	0,03	0,55	$+0,06$	0,17	$+0,11$	2,82	$+1,82$
0,3	0,30	0,06	0,77	$+0,05$	0,21	$+0,07$	2,58	$+0,86$
0,4	0,40	0,10	0,90	$+0,01$	0,25	$+0,01$	2,26	$+0,09$
0,5	0,50	0,15	0,94	$-0,09$	0,30	$-0,10$	1,91	$-0,64$
0,6	0,60	0,21	0,90	$-0,25$	0.36	$-0,28$	1,51	$-1,18$
0,7	0,70	0,29	0,77	$-0,46$	0,42	$-0,59$	1,10	$-1,55$
0,8	0,80	0,38	0,55	$-0,68$	0,48	$-1,24$	0,70	$-1,82$
0,9	0,90	0,48	0,29	$-0,97$	0,53	$-3,26$	0,33	$-2,03$
1,0	1,00	0,58	0,00	$-1,30$	0,58	$-\infty$	0,00	$-2,24$

Es seien die gedämpften Reaktanzen mit $k_{i_g}{}^{(1)}$ bzw. $k_{i_g}{}^{(3)}$ bezeichnet, dann korrigieren sich die Gl. (89 c) und (90 c) zu

$$k_{i_g}{}^{(1)} = f_d{}^{(1)} \cdot k_i{}^{(1)} \quad \ldots \quad \ldots \quad (136\,\mathrm{a})$$

$$k_{i_g}{}^{(3)} = f_d{}^{(3)} \cdot k_i{}^{(3)} \quad \ldots \quad \ldots \quad (136\,\mathrm{b})$$

Weiter wird:

$$\dot{E}_{i_g}{}^{(1)} = j \cdot k_{i_g}{}^{(1)} \dot{I}_i = j \cdot f_d{}^{(1)} \cdot k_i{}^{(1)} \cdot \dot{I}_i \quad \ldots \quad (137\,\mathrm{a})$$

$$\dot{E}_{i_g}{}^{(3)} = j \cdot k_{i_g}{}^{(3)} \dot{I}_i = j \cdot f_d{}^{(3)} \cdot k_i{}^{(3)} \cdot \dot{I}_i \quad \ldots \quad (137\,\mathrm{b})$$

wenn $E_{i_g}{}^{(1)}$ bzw. $E_{i_g}{}^{(3)}$ die E. M. K. K. bedeuten, welche von den inversen gedämpften Drehfeldern in der Ankerwicklung wachgerufen werden.

In Tabelle 1 und Fig. 15 wurde $\sigma_2 = 0,17$ angenommen und außerdem:

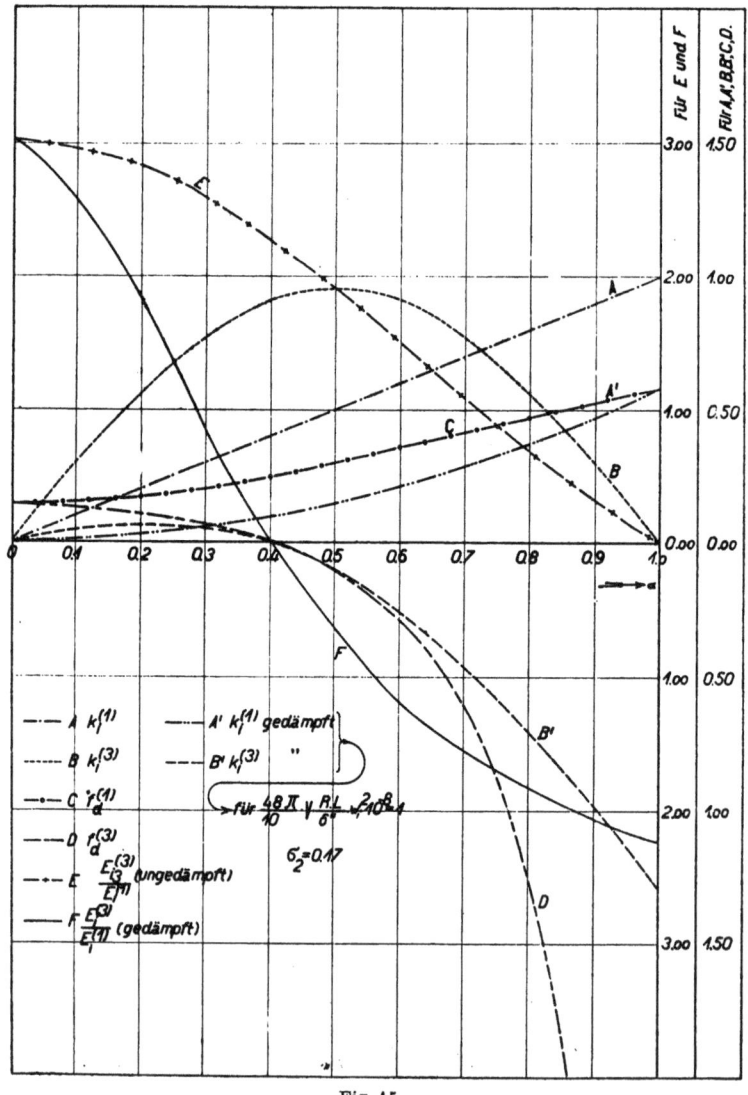

Fig. 15.

$$\frac{48\,\pi}{10} \cdot \nu \cdot \frac{R \cdot L}{\delta''} \cdot w_1^2 \cdot 10^{-8} = 1 \quad \cdots \quad (138)$$

gesetzt.

Die Kurve A stellt nun $k_i^{(1)}$ in Abhängigkeit von a dar. Aus Gl. (89 c) und Gl. (138) geht hervor:

$$k_i^{(1)} = a \quad \ldots \ldots \quad (139)$$

Es ist die Kurve, welche die ungedämpfte inverse Reaktanz $k_i^{(1)}$ darstellt, eine Gerade.

Für $k_i^{(3)}$ finden wir unter denselben Bedingungen aus Gl. (90 c):

$$k_i^{(3)} = \frac{\sin a\pi}{\pi} \quad \ldots \ldots \quad (140)$$

Die inverse Reaktanz ist für die dritte Harmonische für den ungedämpften Zustand eine Sinuslinie, deren Maximum bei $a = 0{,}5$ liegt.

Die Kurve C stellt den Dämpfungsfaktor $f_d^{(1)}$ der Gl. (135 a) dar. Die Kurve D das $f_d^{(3)}$ der Gl. (135 b).

Durch Multiplikation der Ordinaten von A mit denjenigen von C erhalten wir die Kurve A', welche also die gedämpfte Reaktanz $k_{ig}^{(1)}$ der Gl. (136 a) darstellt. Analog erhalten wir die Kurve B', welche $k_{ig}^{(3)}$ der Gl. (136 b) darstellt.

Diese Reaktanzen stellen aber für $I_i = 1$ gleichzeitig die betreffenden E. M. K. K. dar. Sehr bemerkenswert ist dabei der Verlauf von $k_{ig}^{(3)}$ und damit von $E_{ig}^{(3)}$. Dieser Verlauf ist die Antwort auf die Frage: Kann durch irgendwelche praktisch mögliche Wahl von a die dritte inverse Spannungsharmonische unterdrückt werden? Ein Blick auf Fig. 15 und eine kurze Überlegung verneint diese Frage.

Es wird selbstverständlich $E_{ig}^{(3)} = 0$ werden, für $f_d^{(3)} = 0$, wie aus Gl. (137 b) hervorgeht.

Gl. (135 b) lehrt uns aber die Bedingung, für welche $f_d^{(3)} = 0$ ist. Es muß sein:

$$1 - \varepsilon^{(3)} = 1 - \frac{c_g}{2 \dfrac{\sin a\pi}{\pi}(1 + \sigma_2)} = 0 \quad \ldots \quad (141\,a)$$

Daraus:

$$1 = \frac{c_g}{2 \dfrac{\sin a\,\pi}{\pi}\,(1 + \sigma_2)} \qquad \ldots \ldots (141\,\mathrm{b})$$

Es liefert nun letzte Gleichung, welchen möglichen Wert von σ_2 man auch wählen möge, keinen ausführbaren Wert des Polbedeckungsfaktors a.

Ändern wir σ_2 zwischen den äußersten Grenzen

$$\sigma_2 = 0{,}10 \ \text{bis} \ 0{,}30,$$

dann erhalten wir:

$$a = 0{,}40 \ \text{bis} \ 0{,}50.$$

Diese Polbedeckungen kommen selbstverständlich praktisch nicht vor.

Aber noch andere interessante Tatsachen lehrt uns Fig. 15.

Innerhalb ausführbarer Grenzen steigt die inverse Reaktanz für die erste Harmonische fast gleich stark für gedämpften wie für ungedämpften Zustand (vgl. Kurve A und A').

Ganz anders ist dies für die dritte Harmonische. Während die betreffende Reaktanz in ungedämpftem Zustande innerhalb ausführbarer Grenzen schnell mit steigendem a fällt, steigt sie für den Fall der Dämpfung ungemein, mit steigendem a.

Schon längst bevor annehmbare a erreicht sind, hat die Reaktanz $k_{ig}^{(3)}$ das Vorzeichen umgekehrt und damit auch die mit ihr verknüpfte Harmonische. Ein Vorzeichenwechsel findet in ungedämpftem Zustande n i c h t statt (vgl. Kurve B).

Bei $a = 0{,}56$ sind die Reaktanzen für dritte Harmonische und erste einander schon gleich. Damit auch die betreffenden E. M. K. K. Am besten verfolgt man das Verhalten der dritten Spannungsharmonischen zur ersten aus der Kurve F. Sie stellt den Quotienten aus den Ordinaten von B' und A' dar, welches nichts anderes ist wie eben erwähnter Quotient, und zwar für den gedämpften Zustand.

Die Kurve E stellt dasselbe Verhältnis für ungedämpften Zustand dar.

Es wächst bei steigendem a in gedämpftem Zustande die dritte Spannungsharmonische immer mehr gegenüber der ersten, so daß von:

$$a = 0,6 \text{ bis } a = 0,8 \text{ das Verhältnis}$$

$$\frac{E_{i_g}^{(3)}}{E_{i_g}^{(1)}} = 1,18 \text{ bis } = 1,82 \text{ wird.}$$

Für $a = 1,0$ d. h. nichtausgeprägte Pole, wird

$$\frac{E_{i_g}^{(3)}}{E_{i_g}^{(1)}} = 2,24!!$$

Dies ist geradezu das Gegenteil von dem, was man aus dem ungedämpften Zustande erwartet hätte; zeigt doch die Kurve E ein stetiges Abnehmen dieses Verhältnisses bis zu Null!

Das Fazit, welches wir aus diesen Überlegungen ziehen können, ist folgendes:

Bei einem Synchrongenerator, welcher großen Unsymmetrien ausgesetzt ist, wirkt ein kleiner Polbedeckungsfaktor günstig auf die Unterdrückung der dritten Spannungsharmonischen.

Von einer Dämpfung der dritten Harmonischen durch die Magnetwicklung kann also nach dem Vorhergehenden eigentlich nicht die Rede sein, denn zum Begriffe der Dämpfung gehört für E die Bedingung:

$$-1 < \varepsilon < +1 \text{ (vgl. Gl. [133a] und Gl. [133b]),}$$

was nur für $E^{(3)}$ bei unbrauchbaren Werten von a zutrifft.

Dennoch ist die ausschließliche Beurteilung nach diesem Gesichtspunkt kaum die richtige. Weder für die erste noch für die dritte Spannungsharmonische sind vorhergehende Überlegungen die einzig ausschlaggebenden.

Obwohl die erste Harmonische (in praktischen Grenzen von $a = 0,6$ bis $a = 0,8$) um 60% bis 53% abgedämpft wird, stellt dies nur das Minimum der Dämpfung dar.

Es wurde hier noch keine Rechnung gehalten mit der dämpfenden Wirkung der Wirbelströme, welche naturgemäß bei $E_{ig}^{(3)}$ einen weitaus größeren Betrag ausmachen wie bei $E_{ig}^{(1)}$.

Rechnerisch sind diese Wirbelströme schwer zu verfolgen. Experimentell könnte man die gedämpften Reaktanzen mittels Hilfsspule, künstlicher Herstellung des inversen Zustandes und Trennung der dritten von der ersten Spannungsharmonischen, durchführen. Es lohnt sich jedoch kaum eines so großen experimentellen Aufwandes, falls man die Werte der Reaktanzen zwecks Aufstellung des Diagrammes zu kennen wünscht.

Die inversen Spannungen spielen für das Diagramm nur eine sehr untergeordnete Rolle, so daß sogar ein ziemlich großer Fehler in der Abschätzung des Einflusses der Wirbelströme auf das Diagramm keinen merkbaren Einfluß hat. Der praktische Teil und auch der letzte Paragraph werden dies zeigen.

Liegen indes besondere Fälle vor, so daß man sich mit einer größeren Unsicherheit in Bezug auf diese Reaktanzen nicht begnügen kann, so steht nichts im Wege, falls die Maschine dimensioniert vorliegt, den Einfluß der Wirbelströme experimentell festzustellen. Auf einfachem Wege ist die experimentelle Ermittelung der Reaktanzen e i n w a n d f r e i nicht möglich. In weitaus den meisten Fällen aber sind erste u n d dritte Spannungsharmonische von s o geringem Einfluß, daß sei keinen merkbaren Einfluß auf das Resultat ausüben.

Will man sie dennoch einbeziehen, wie es in dieser Arbeit geschehen ist, so kann man sich die Resultate zunutze machen, welche Dr.-Ing. Max Wengner mittelst Oszillographen bei seinen Untersuchungen der synchronen Einphasenmaschine erhielt. Diese Resultate gelten zwar nur für die von ihm untersuchte Maschine und können deshalb auf allgemeine Gültigkeit keinen Anspruch erheben, doch dürften die aus diesen Oszillogrammen hervorgehenden Werte der Dämpfung mit nicht zu großer Abweichung auch für andere Maschinen Gültigkeit besitzen.

Da es sich überhaupt nur um Korrektur von sehr kleinen Größen handelt, wird man auch bei sogar größeren Abweichungen der Dämpfungswerte dennoch praktisch genau dieselben Resultate erhalten.

Die erste Harmonische dürfte um 30% des hier gerechneten Wertes abgedämpft werden, während man für die dritte mit 50 bis 70% (dies alles in runden Zahlen) Dämpfung zu rechnen hätte. Diese Werte kann man also einsetzen, falls die Maschine im Entwurf vorliegt, oder keine experimentelle Untersuchung angestellt werden soll, wie dies in den meisten Fällen der Fall sein wird.

Zusammenfassung.

Es werden zwei Faktoren angegeben, mit denen man die Reaktanzen für die inversen Spannungsharmonischen in ungedämpftem Zustande (d. h. mit offener Magnetwicklung) zu multiplizieren hat, um zu denjenigen in gedämpftem Zustande (d. h. in normalem Falle, mit geschlossener Magnetwicklung) zu gelangen. Diese Faktoren enthalten den Einfluß der Wirbelströme auf die Dämpfung nicht.

Der Einfluß des Polbedeckungsfaktors auf diese Dämpfungsfaktoren wird ausführlich untersucht.

§ 6. Der Einfluß der höheren Ankerfeld-Harmonischen.

Bei symmetrisch belastetem Generator hat das Feld, welches die Ankerreaktion darstellt, für alle modernen Wicklungen praktisch eine reine Sinusform; es kann also in der eigenen Ankerwicklung nur eine einzige elektrische Schwingung erzeugen.

Ganz anders gestalten sich die Verhältnisse beim unsymmetrisch belasteten Generator. Die e r s t e Harmonische des Ankerfeldes löst in der Ankerwicklung z w e i elektrische

Schwingungen aus, und Gl. (56), S. 31, lehrt uns, daß dies eine
einfache und eine dreifache ist.

Da diese dreifache elektrische Schwingung nun nicht
ihren Ursprung nimmt in einem mit synchroner Geschwindigkeit umlaufenden Felde von einem Drittel der normalen
Wellenlänge, wie dies beim symmetrisch belasteten Generator
beim Magnetfeld vorkommt, sondern auf einem Feld, welches
dreifach synchron rotiert, kann unter Umständen eine recht
beträchtliche dritte Spannungsharmonische auftreten. Denn
für dieses Feld befindet sich der Anker n i c h t mehr in Gegenschaltung, wie dies für ein Feld von einem Drittel der normalen
Wellenlänge und Sternschaltung der Fall ist.

Es soll nun ermittelt werden, welche Art Schwingungen
die höheren Feldharmonischen auslösen, mit der Absicht, zu
erforschen, ob diese die vorigen Schwingungen auslöschen
oder verstärken.

Die Untersuchung ist ganz analog zu derjenigen des § 3.
Die Ergebnisse, welche dort erhalten wurden, müssen als
Spezialfälle der jetzigen Überlegungen erscheinen. Die folgenden Beweisführungen sind aber etwas kompliziert und der
Gedankengang wäre nicht so deutlich zutage getreten, falls
wir uns mit diesem Paragraphen begnügt hätten und genannten
Paragraph aus diesem Paragraphen hergeleitet hätten. Es
wurde deshalb von den Überlegungen des § 3 der Über-
sichtlichkeit und der Deutlichkeit wegen kein Abstand genommen.

Um die folgenden Zeilen möglichst kurz und prägnant
zu gestalten, wollen wir die Formeln nicht mit eigenen fort-
laufenden Nummern versehen, sondern mit den entsprechen-
den Nummern des § 3 bezeichnen, und dieselben durch ein *
hervorheben. Dadurch kann an Erklärung betreffs Termino-
logie gespart werden.

Bezeichnen wir mit $\mathfrak{h}_i$ die Ordinaten des unausgebildeten
inversen Feldes im inversen System. Die Abszissen seien ξ',
und wir setzen wiederum $\vartheta_i = 0$. Weiter sei nun die Amplitude des ausgebildeten inversen Feldes $\mathfrak{H}_i$, dann können wir
analog Gl. (44) ganz allgemein schreiben:

$$\mathfrak{H}_i = \mathfrak{H}_i \Big\{ + C_{i_1} \cos \frac{2\pi}{X} \xi + C_{i_1}' \sin \frac{2\pi}{X} \xi + C_{i_3} \cos 3 \frac{2\pi}{X} \xi +$$

$$+ C'_{i_3} \sin 3 \frac{2\pi}{X} \xi + C_{i_5} \cos 5 \frac{2\pi}{X} \xi + C'_{i_5} \sin 5 \frac{2\pi}{X} \xi + .. \Big\}$$

oder: . . . . (142a)

$$\mathfrak{H}_i = \mathfrak{H}_i \sum_{m=1}^{m=\infty} \Big\{ C_{i_m} \cos m \frac{2\pi}{X} \xi + C_{i_m}' \sin m \frac{2\pi}{X} \xi \Big\} \ (142b)$$

Wir setzen nun zur Vereinfachung den Winkel:

$$\frac{2\pi}{X} \xi = x \quad . \quad . \quad . \quad . \quad . \quad (143)$$

und erhalten:

$$\mathfrak{H}_i = \mathfrak{H}_i \sum_{m=1}^{m=\infty} \Big\{ C_{i_m} \cos m \, x + C_{i_m}' \sin m \, x \Big\} \quad . \quad . \quad (144)$$

Es wird nun:

$$p = (1) \cos m \, x \quad . \quad . \quad . \quad . \quad . \quad (*48a)$$

$$p' = (1) \sin m \, x \quad . \quad . \quad . \quad . \quad . \quad (*48b)$$

$$y_i = \mathfrak{H}_i \Big[\cos x \Big]_{x=0;\ x=x_1}^{x=x_2;\ x=x_3} \quad . \quad . \quad . \quad . \quad (*49)$$

Daraus:

$$C_{i_m} = \frac{2}{\pi} \int_{x_0 \text{ bis } x_1}^{x_2 \text{ bis } x_3} \cos m \, x \cdot \cos x \cdot d \, x \quad . \quad . \quad (*51a)$$

$$C_{i_m}' = \frac{2}{\pi} \int_{x_0 \text{ bis } x_1}^{x_2 \text{ bis } x_3} \sin m \, x \cdot \cos x \cdot d \, x \quad . \quad . \quad (*51b)$$

Ausgewertet:

$$C_{i_m} = \frac{2}{\pi} \left[+ \frac{\sin (m-1) \, x}{2 \, (m-1)} + \frac{\sin (m+1) \, x}{2 \, (m+1)} \right]_{x_0 \text{ bis } x_1}^{x_2 \text{ bis } x_3} \quad (*52a)$$

$$C_{im}' = \frac{2}{\pi} \left[-\frac{\cos(m-1)x}{2(m-1)} - \frac{\cos(m+1)x}{2(m+1)} \right]_{x_r \text{ bis } x_1}^{x_2 \text{ bis } x_4} \quad (*52\,\mathrm{b})$$

Setzen wir nun die Grenzen ein, dann erhalten wir:

$$C_{im} = + A \cos(m-1)(2a-a)\frac{\pi}{2} + B \cos(m+1)(2a-a)\frac{\pi}{2}$$
$$\cdot \quad \cdot \quad \cdot \quad \cdot \quad \cdot \quad \cdot \quad \cdot \quad (*53\,\mathrm{a})$$

$$C_{im}' = - A \sin(m-1)(2a-a)\frac{\pi}{2} - B \sin(m+1)(2a-\pi)\frac{\pi}{2}$$
$$\cdot \quad \cdot \quad \cdot \quad \cdot \quad \cdot \quad \cdot \quad \cdot \quad (*53\,\mathrm{b})$$

wenn

$$A = \frac{2}{\pi} \cdot \frac{\sin(m-1)\frac{a\pi}{2}}{(m-1)} \quad \cdot \quad \cdot \quad \cdot \quad (*53\,\mathrm{c})$$

$$B = \frac{2}{\pi} \cdot \frac{\sin(m+1)\frac{a\pi}{2}}{(m+1)} \quad \cdot \quad \cdot \quad \cdot \quad (*53\,\mathrm{d})$$

Setzen wir nun, analog § 3, die Beziehung von a zu t in obige Gleichung ein, dann erhalten wir:

$$C_{im} = + A \cos(m-1)\left(2\frac{2\pi}{T}t - \vartheta_i - \frac{\pi}{2}\right) +$$

$$+ B \cos(m+1)\left(2\frac{2\pi}{T}t - \vartheta_i - \frac{\pi}{2}\right) \quad \cdot \quad \cdot \quad (*54\,\mathrm{a})$$

$$C_{im}' = - A \sin(m-1)\left(2\frac{2\pi}{T}t - \vartheta_i - \frac{\pi}{2}\right) +$$

$$- B \cos(m+1)\left(2\frac{2\pi}{T}t - \vartheta_i - \frac{\pi}{2}\right) \quad \cdot \quad \cdot \quad (*54\,\mathrm{b})$$

Beziehen wir nun die m-te Harmonische des inversen Feldes auf das invers rotierende, also mit $\frac{X}{T}$ nach rechts sich bewegende

Koordinatensystem, dann sind die Abszissen ξ', während wir die Ordinaten $\mathfrak{h}_{im}$ nennen wollen. Die Feldgleichung lautet für dieses System:

$$\mathfrak{h}_{im} = \mathfrak{H}_i \left\{ C_{im} \cos m\left(\frac{2\pi}{X} \xi' + \vartheta_i \right) + \right.$$

$$\left. + C_{im}' \sin m\left(\frac{2\pi}{X} \xi' + \vartheta_i \right) \right\} \quad . \quad . \quad . \quad (\text{*}55)$$

Setzen wir nun Gl. (*54 a) bzw. (*54 b) in Gl. (*55) ein, dann erhalten wir:

$$\mathfrak{h}_{im} = \mathfrak{H}_i \left\{ - A \sin\left[(m-1)\left(2\frac{2\pi}{T}t - \vartheta_i \right) + m\left(\frac{2\pi}{X}\xi' + \vartheta_i - \frac{\pi}{2} \right) \right. \right.$$

$$\left. + B \sin\left[(m+1)\left(2\frac{2\pi}{T}t - \vartheta_i \right) + m\left(\frac{2\pi}{X}\xi' + \vartheta_i - \frac{\pi}{2} \right) \right] \right\}$$

$$. \quad . \quad . \quad . \quad . \quad . \quad . \quad (\text{*}56)$$

Es stellt uns nun Gl. (*56) wiederum nichts anderes dar, wie die Summe von zwei Drehfeldern. Diese bewegen sich gegenüber dem System der Gl. (*56) (d. h. dem inversen, mit einfach übersynchronem Gang sich gegenüber der Ankerwicklung nach rechts bewegendem System) mit der Geschwindigkeit:

$$v' = \frac{X}{T} \cdot \frac{2(m-1)}{m} \text{ nach links für das Feld mit der Amplitude } A.$$

$$v'' = \frac{X}{T} \cdot \frac{2(m+1)}{m} \quad » \quad » \quad » \quad » \quad » \quad » \quad » \quad » \quad B.$$

Wir überzeugen uns hiervon leicht, indem wir die Felder wie früher stillsetzen.

Die Ordinaten für das »stillsetzende System« der Geschwindigkeit v' seien mit $\mathfrak{h}_{im}'$, die Abszissen mit λ' für das System der Geschwindigkeit v'' mit $\mathfrak{h}_{im}''$ bzw. λ'' bezeichnet.

Wir haben also bloß einzuführen:

$$\xi' = \lambda' - \frac{2\,(m-1)}{m} \cdot \frac{X}{T} \cdot t \quad . \quad . \quad . \quad . \quad (56\,\mathrm{b})$$

$$\xi'' = \lambda'' - \frac{2\,(m+1)}{m} \cdot \frac{X}{T} \cdot t \quad . \quad . \quad . \quad . \quad (56\,\mathrm{c})$$

Diese Werte in Gl. (56) ergeben:

$$\mathfrak{H}_{i_m}' = -A\,\mathfrak{H}_i \sin\left(m\,\frac{2\,\pi}{X}\,\lambda' + \vartheta_i - m\,\frac{\pi}{2}\right) \quad . \quad (*57)$$

$$\mathfrak{H}_{i_m}'' = +B\,\mathfrak{H}_i \sin\left(m\,\frac{2\,\pi}{X}\,\lambda'' - \vartheta_i - m\,\frac{\pi}{2}\right) \quad . \quad (*58)$$

Da nun diese Felder sich mit der Geschwindigkeit

$$\frac{2\,(m-1)}{m} \cdot \frac{X}{T} \qquad \text{bzw.} \qquad \frac{2\,(m+1)}{m} \cdot \frac{X}{T}$$

gegenüber dem synchronen System nach links bewegen, werden sie sich bewegen über der Ankerwicklung mit einer Geschwindigkeit:

$$\frac{2\,(m \mp 1)}{m} \cdot \frac{X}{T} - \frac{X}{T} = \frac{(m \mp 2)}{m} \cdot \frac{X}{T} \quad \text{nach links.}$$

Der übersynchrone Gang des Drehfeldes der Gl. (*57) gegenüber der Ankerwicklung ist also:

$$\varepsilon' = 1 - \frac{2}{m} \quad . \quad . \quad . \quad . \quad . \quad (57\,\mathrm{b})$$

und der übersynchrone Gang des Drehfeldes der Gl. (58):

$$\varepsilon'' = 1 + \frac{2}{m} \quad . \quad . \quad . \quad . \quad . \quad (58\,\mathrm{b})$$

Es lassen sich aber Gl. (57) bzw. Gl. (58) schreiben als:

$$\mathfrak{y}_{im}' \quad \pm A\, \mathfrak{H}_i \overset{\leftarrow \left(1 - \frac{2}{m}\right)}{\cos\left(m\,\frac{2\,\pi}{X}\,\lambda' \mp \vartheta_i\right)} \quad \ldots \quad (57\,c)$$

$$\mathfrak{y}_{im}'' \quad \mp B\, \mathfrak{H}_i \overset{\leftarrow \left(1 + \frac{2}{m}\right)}{\cos\left(m\,\frac{2\,\pi}{X}\,\lambda' \pm \vartheta_i\right)} \quad \ldots \quad (58\,c)$$

wobei in Gl. (57 c) als Vorzeichen des Ganzen zu nehmen ist:

$+$ für $m = 1, 5, \ 9, 13$ usw.
$-$ für $m = 3, 7, 11, 15$ usw.

für Gl. (58 c) die entgegengesetzten Werte.

Nun können wir uns ein Urteil bilden über den Einfluß der höheren Ankerfeldharmonischen.

Es war zu befürchten, daß die m-te Ankerfeldharmonische trotz kleiner Amplitude, durch großen übersynchronen Gang, dennoch Spannungen von großer Periodenzahl und großer Amplitude in der Ankerwicklung hervorrufen würde: Erzeugt doch die e r s t e Feldharmonische zum Teil schon ein mit dreifach synchroner Geschwindigkeit über der Ankerwicklung hinwegeilendes Feld!

Von vornherein waren also die Verhältnisse nicht abzusehen.

Durch die vorigen Überlegungen ist die obige Befürchtung als grundlos erwiesen. Das Gegenteil ist der Fall: Die m-te Feldharmonische erzeugt zwei nach links sich bewegende Felder, deren Geschwindigkeit gegenüber der Ankerwicklung:

$$\varepsilon'\,\frac{X}{T} = \left(1 - \frac{2}{m}\right)\frac{X}{T} \quad \text{bzw.}$$

$$\varepsilon''\,\frac{X}{T} = \left(1 + \frac{2}{m}\right)\frac{X}{T}$$

mit s t e i g e n d e m m a b nimmt.

Setzen wir $m = 1$, dann rotiert der eine Teil mit $-\dfrac{X}{T}$ nach links, d. h. mit $+\dfrac{X}{T}$ nach rechts; der andere Teil mit $3\dfrac{X}{T}$ nach links. Dies stimmt mit den früheren Ermittlungen überein.

Es ist sehr eigenartig, aber aus obigen Überlegungen verständlich, daß n u r die erste Feldharmonische zwei Drehfelder liefert, welche n i c h t in gleichem Sinne rotieren.

Es erübrigt sich nun noch, da sich die Geschwindigkeiten der Drehfelder mit steigendem m als abnehmend erwiesen haben, die Amplituden der Felder, oder besser noch, die E. M. K. K., welche diese in der Ankerwicklung erzeugen, zu bestimmen. Dadurch erfahren wir, ob diese zu vernachlässigen sind oder nicht.

Die Periodenzahl der Spannung, welche ein Drehfeld, dessen Wellenlänge $\dfrac{X}{m}$ sei und dessen übersynchroner Gang der Ankerwicklung gegenüber $\varepsilon \cdot \dfrac{X}{T}$ betrage, in dieser Wicklung erzeugt, wird gefunden zu:

$$\nu = m \cdot \varepsilon \ . \quad \ldots \ldots \quad (145)$$

Das Feld der Gl. (57 c), dessen Amplitude:

$$\pm A \, \mathfrak{H}_i = \mathfrak{H}_{i_m}{}' = \pm \frac{2}{\pi} \cdot \frac{\sin (m-1)\dfrac{a\,\pi}{2}}{(m-1)} \cdot \mathfrak{H}_i \ . \quad (146)$$

sei, erzeugt also eine Periodenzahl in der Ankerwicklung:

$$\nu_{i_m}{}' = m\left(1 - \frac{2}{m}\right) = m - 2 \quad \ldots \ldots \quad (147)$$

wie wir uns durch Einsetzung der Gl. (57 b) in Gl. (145) überzeugen.

Dagegen erzeugt das Feld der Gl. (*58), dessen Amplitude:

$$\mp B \, \mathfrak{H}_i = + \mathfrak{H}_{i_m}{}'' = \mp \frac{2}{\pi} \cdot \frac{\sin(m+1)\dfrac{a\pi}{2}}{(m+1)} \cdot \mathfrak{H}_i \qquad (148)$$

sei, eine Periodenzahl [Gl. (58 b) in Gl. (145)]:

$$\nu_{i_m}{}'' = m\left(1 + \frac{2}{m}\right) = m+2 \quad . \quad . \quad . \quad . \quad (149)$$

Die m-te Harmonische des Feldes erzeugt also nach den vorigen zwei Spannungen, und zwar:

eine Spannung E_m^{m-2} mit $\nu_{i_m}{}' = m-2$ Perioden,

eine Spannung E_m^{m+2} mit $\nu_{i_m}{}'' = m+2$ Perioden.

Dabei deuten die Indizes unterhalb auf die Feldharmonische, oberhalb auf die Spannungsharmonische hin. Mit obigen Buchstaben sind die Effektivwerte bezeichnet.

Eine Übereinanderlagerung der Spannungen kann stattfinden. Eine m-te Spannungsharmonische setzt sich zusammen aus:

$$\dot{E}_m = \dot{E}_m^{m-2} + E_m^{m+2} \quad . \quad . \quad . \quad . \quad (150)$$

Die Werte für E_m^{m-2} und E_m^{m+2} können wir nun aber sofort anschreiben mittels Gl. (81), indem wir die Gl. (57 b), (58 b), (57 c) und (58 c) beachten.

$$E_m = A_{m+2}\mathfrak{H}_i\left(1 - \frac{2}{m+2}\right) \cdot \frac{X}{T} \cdot 2p \cdot L \cdot w_m \cdot \cos\left(m\,\frac{2\pi}{T} \cdot t + \vartheta_i\right)$$

$$+ B_{m-2}\mathfrak{H}_i\left(1 + \frac{2}{m-2}\right) \cdot \frac{X}{T} \cdot 2p \cdot L \cdot w_m \cdot \cos\left(m\,\frac{2\pi}{T} \cdot t - \vartheta_i\right)$$

$$\qquad\qquad\qquad\qquad . \quad . \quad . \quad . \quad . \quad . \quad (151)$$

Wie man aus dieser Gleichung ersieht, sind die Teilspannungen n i c h t in Phase, sondern um den Winkel $2\,\vartheta_i$ gegen-

einander verschoben. Die Addition der Teilspannungen der
Gl. (150) bzw. Gl. (151) hätte also geometrisch zu geschehen.
Der Einfluß der höheren Feldharmonischen, der inversen
Ankerreaktion, ist also abhängig von der Art der Belastung.
Dieses Resultat ist bemerkenswert, jedoch nicht verwunder-
lich. Dies trifft nämlich für die synchrone Ankerreaktion
auch zu. Ebenso für die symmetrische Belastung. Sowohl
das synchrone Gegenfeld wie das synchrone Querfeld enthalten höhere harmonische Komponenten, welche den Amplituden des Gegenfeldes bzw. Querfeldes proportional sind.
Da nun das Gegenfeld proportional dem $\sin \vartheta_s$, und das Querfeld proportional dem $\cos \vartheta_s$ ist, hängen die von den höheren
Feldkomponenten erzeugten E. M. K. K. ebenfalls von ϑ_s ab,
d. h. sie sind von der Art der Belastung abhängig. Daß die
F o r m dieser Abhängigkeit für den synchronen Teil nicht
dieselbe ist wie für den inversen Teil, hängt damit zusammen,
daß Quer- und Gegenfeld erhalten wurden durch Zerlegung
nach zwei Achsen; hätten wir die Gl. (63) als Ausgangspunkt
für eine Untersuchung der höheren Harmonischen der synchronen
Felder benutzt, so wären wir zu gleichen Gleichungsformen
gelangt wie für die inversen Felder, da von Gl. (63) an erst die
Trennung durchgeführt wird.

Man kann nun Gl. (151) auch schreiben:

$$E_m = K^m \cdot \mathfrak{H}_i \cdot \frac{X}{T} \cdot 2\,p \cdot L \cdot \frac{\mathfrak{z} \cdot \mathfrak{w}}{\mathfrak{a}} \cdot 10^{-8} \quad \ldots \quad (152)$$

falls man setzt:

$$K^m = A_{m+2}\left(1 - \frac{2}{m+2}\right) f_{m+2} + B_{m-2}\left(1 + \frac{2}{m-2}\right) f_{m-2}$$
$$(153)$$

indem man Gl. (6) und Gl. (8) sinngemäß einführt.

Setzen wir:

$$K^m = K_{m+2} + K_{m-2} \quad \ldots \quad \ldots \quad (154)$$

dann werden:

$$K_{m+2} = A_{m+2}\left(1 - \frac{2}{m+2}\right)f_{m+2} \quad . \quad . \quad . \quad (155\,\mathrm{a})$$

$$K_{m-2} = B_{m-2}\left(1 + \frac{2}{m-2}\right)f_{m-2} \quad . \quad . \quad . \quad (155\,\mathrm{b})$$

Es ist nun Gl. (152) entstanden aus der a r i t h m e t i - s c h e n Addition der Teilspannungen.

Setzen wir nun fest, daß in Gl. (153) bzw. Gl. (154) auf die Vorzeichen von K^{m+2} bzw. K^{m-2} keine Rücksicht genommen werden soll, so wird die arithmetische Addition der Teilspannungen den ungünstigsten Fall darstellen, denn d i e s e arithmetische Summe wird für j e d e Wahl von ϑ_i größer sein wie die geometrische Addition.

Tabelle II gibt Aufschluß über die einzelnen Größen, welche von Interesse sind. Es wurde $a = 0{,}7$ und $\frac{\delta}{\delta_0} = \frac{6}{9} = \frac{2}{3}$ angenommen. Andere (normale) Werte ergeben kaum abweichende Resultate. Aus dieser Tabelle entnehmen wir einige sehr wichtige Tatsachen.

Die Amplituden der dritten und fünften Feldharmonischen sind noch recht beträchtlich, jedoch können die Spannungsharmonischen durch die Kleinheit des Wicklungsfaktors nicht zur Geltung kommen. Dies gilt indessen nur für die hier angenommene Schaltung, nämlich die Sternschaltung; bei anderen Schaltungen sind Ausgleichströme zu erwarten.

Verwendet man Schaltungen, für welche für die dritte Harmonische der Wicklungsfaktor n i c h t gleich Null ist, so enthält der Stromkreis vom Hauptfelde her schon eine dritte Harmonische, welche dann zusammenwirken können.

Entnimmt man also Wechselstrom einer Gleichstromwicklung, so ist bei zu erwartenden großen Unsymmetrien die Wicklung aufzuschneiden!

Weiter ersieht man die zuerst befremdende Tatsache, daß eine m-te Spannungsharmonische (mit Ausnahme der ersten Spannungsharmonischen) **nie** von einer m-ten Feldharmonischen herrührt, und weiter, daß die erste Feldhar-

Tabelle II.

m (Feld)	A $\frac{2}{\pi}\frac{\sin(m-1)\frac{\alpha\pi}{2}}{m-1}$	v' $m-2$	E' $1-\frac{2}{m}$	B $\frac{2}{\pi}\frac{\sin(m+1)\frac{\alpha\pi}{2}}{m+1}$	v'' $m+2$	E'' $1-\frac{2}{m}$	f_m $\frac{\sin m\frac{\pi}{2}\delta_0}{\delta\sin(m\frac{\pi}{2}\delta_0)}$	m elektr.	K_{m-2} Gl.155a	K_{m+2} Gl.155b	K^m Gl.154
1	+ 0,700	−1	− 1,000	− 0,257	1	3,000	+ 0,831	3	+ 0,581	0,000	+ 0,581
3	− 0,257	1	+ 0,334	− 0,151	3	1,666	0,000	5	− 0,640	+ 0,017	+ 0,657
5	− 0,151	3	+ 0,600	− 0,033	5	1,400	− 0,188	7	0,000	− 0,003	− 0,003
7	− 0,033	5	+ 7,714	+ 0,046	7	1,286	+ 0,154	9	+ 0,009	0,000	+ 0,009
9	+ 0,046	7	+ 0,778	0,000	9	1,222	0,000	11	+ 0,009	0,000	+ 0,009
11	0,000	9	+ 0,818	+ 0,031	11	1,182	− 0,154	13	0,000	+ 0,005	+ 0,005
13	+ 0,031	11	+ 0,846	− 0,014	13	1,154	+ 0,188	15	− 0,006	0,000	− 0,006
15	− 0,014	13	+ 0,867	− 0,038	15	1,133	0,000	17	− 0,003	+ 0,028	+ 0,025
17	− 0,038	15	+ 0,883	− 0,029	17	1,117	− 0,831	19	0,000	+ 0,026	+ 0,026
19	− 0,029	17	+ 0,895	0,000	19	1,105	− 0,831	21	+ 0,028	+ 0,000	+ 0,028
21	0,000	19	+ 0,904	+ 0,023	21	1,096	0,000	23	0,000	+ 0,002	+ 0,002

monische die am schnellsten rotierenden Felder liefert. Die Befürchtung am Anfang des Paragraphen hat sich also als irrig
erwiesen.

Aus der Tabelle für K^m geht hervor, daß nur erste und
dritte Spannungsharmonische in den Kreis der Betrachtung
gezogen zu werden brauchen.

Der Höchstwert, welcher eine höhere Harmonische für
K^m erreicht, ist 0,026. Dies ist rd. 5% des Betrages der ersten
Harmonischen. Da nun die erste Ankerfeldharmonische ge-
meinhin höchstens 1% der Klemmenspannung beträgt, ist
das Resultat auf die Klemmenspannung praktisch gleich Null.

Eine weitere interessante Tatsache ist, daß die dritte
Harmonische der Spannung fast ausschließlich geliefert wird
von dem mit dreifach synchronem nach links rotierendem
Drehfelde, während der Anteil, welcher die fünfte Feldharmonische, welche ja ebenfalls eine dritte Spannungsharmonische erzeugt, verschwindend klein ist. Aus den zwei letzten
Zeilen der Tabelle I geht hervor, daß dieser Anteil bloß

$$\frac{0,017}{0,657} = 2^1/_2 \%$$

ist.

Deshalb ist es gerechtfertigt, für die Beurteilung der dritten
Spannungsharmonischen nur das Feld mit der Wellenlänge X
in Betracht zu ziehen, wie dies auch im vorigen Paragraphen
geschehen ist. Von vornherein war dies aber nicht ein-
leuchtend.

Zusammenfassung.

Beim unsymmetrisch belasteten Generator ist der Einfluß
der höheren Komponenten der Ankerfelder zu vernachlässigen.

§ 7. Das Diagramm des unsymmetrisch belasteten
Generators.

Da wir aus dem vorigen Paragraphen ersahen, daß die
höheren Feldharmonischen des Ankers keinen Einfluß auf

die Spannung ausüben können, wird die Phasenspannung, der Phase I, welche wir mit Δ_{ph_1} bezeichnen wollen, sich aus Spannungen verschiedener Periodenzahl zusammensetzen, und zwar aus einer Spannung einfacher Periodenzahl und einer Spannung dreifacher Periodenzahl. Erstere wollen wir mit $\Delta_{ph_1}^{(1)}$, letztere mit $\Delta_{ph_1}^{(3)}$ bezeichnen.

Es wird also:

$$\Delta_{ph1} = \sqrt{(\Delta_{ph_1}^{(1)})^2 + (\Delta_{ph_1}^{(3)})^2} \quad \ldots \quad (156)$$

Ferner ist es klar, daß bei unsymmetrischer Belastung die Phasenspannungen verschieden ausfallen werden. Wir kommen also nicht, wie in der Theorie des symmetrisch belasteten Generators, mit dem Entwerfen von e i n e m Diagramm aus, sondern müssen für j e d e Phase ein Diagramm aufzeichnen.

Es soll nun in diesem Paragraphen das Diagramm für eine Phase, die Phase I, vorgeführt werden. Wir wollen deshalb die Indizes, welche auf die Phase hindeuten, fortlassen.

Die anderen Phasen können analog behandelt werden.

Für die Phasenspannung können wir nun schreiben:

$$\dot{\Delta}_{ph}^{(1)} = \dot{E}_1 + \dot{E}_g + \dot{E}_q + \dot{E}_o + \dot{E}_i^{(1)} + \dot{E}_r \quad . \quad (157)$$

$$\dot{\Delta}_{ph}^{(3)} = \dot{E}_i^{(3)} \quad . \quad . \quad . \quad . \quad . \quad . \quad . \quad . \quad (158)$$

Die soeben ausgeführte Trennung wurde deshalb gemacht, weil es unmöglich ist, Spannungen verschiedener Periodenzahl in einem Diagramm zu vereinigen. Es ist selbstverständlich, daß Gl. (158 a) den größten Teil der Spannung anzeigt, während Gl. (158 b) nur als ein Korrektionsfaktor aufzufassen ist, welcher in normalen Fällen eine kaum wahrzunehmende Überlagerung mit einer Spannung der dreifachen Periodenzahl hervorruft. Bei anormalen Fällen, d. h. bei sehr schwacher Erregung oder bei sehr starken Überlastungen kann dieser Korrektionsfaktor eine kleine Bedeutung erlangen; es steht jedoch nichts im Wege, in diesem Fall diese Größe in Betracht zu ziehen. Aus Gl. (94) gehen alle wissenswerten Daten hervor.

Wir wollen Gl. (158 b), welche weiter kein Interesse bietet für normale Fälle, vernachlässigen und uns mit Gl. (158 a) begnügen. Wir können nun auch den Index, welcher die Phase andeutet, fortlassen, und schreiben für $\Delta_{ph}^{(1)}$ nun Δ.

Es seien nun der Phasenstrom I und seine beiden Komponenten I_s und I_i gegeben. Gleichfalls der innere Phasenverschiebungswinkel ϑ. Damit ist dann nicht nur die Richtung des E_1-Vektors, sondern auch ϑ_s und ϑ_i bekannt (vgl. Fig. 16).

Dann können wir aber ohne weiteres Gl. (157) konstruieren.

Es sei nun (vgl. Schluß des § 4):

$$V T = E_1$$

(auf die Richtung von E_1 werden alle übrigen Vektoren bezogen)

$$R'V = E_g = - k_g \cdot I_s \cdot \sin \vartheta_s$$
$$M R' = E_q = + k_q \cdot I_s \cdot \cos \vartheta_s$$
$$L M = E_o = j k_o \cdot I$$
$$K L = E_i = j k_i \cdot I_i$$
$$O K = E_r = - r \cdot I.$$

Es wird dann OT die gesuchte Phasenspannung sein, nach Richtung und Größe. (Vgl. Fig. 16.)

Damit wäre also das Diagramm erledigt. Allein, in der Praxis ist der Winkel ϑ fast n i e bekannt, und wir dürfen nur mit der Kenntnis der Ströme und ihren Komponenten nebst einer anderen praktischen Angabe, z. B. $\cos \varphi$ oder der Erregung AW_m rechnen.

Um sich nun von der Kenntnis von ϑ zu emanzipieren, kann man einen Kunstgriff anwenden, welcher von Professor Ossanna angegeben wurde, und auf welchem sich das Diagramm für die symmetrische Belastung fußt (vgl. Starkstromtechnik, S. 517).

Mittelst diesem Kunstgriff kann man auch das Diagramm für unsymmetrische Belastung entwickeln.

Die Strecke TR' in Fig. 16 stellt uns dar:

$$\dot E_1 - \dot E_g = \dot E_R \quad \cdot \quad \cdot \quad \cdot \quad \cdot \quad \cdot \quad \cdot \quad (159)$$

Diese Spannung wird erzeugt von den erregenden Magnetamperewindungen (AW_m) abzüglich den Amperewindungen des Gegenfeldes ($AW_g{}'$).

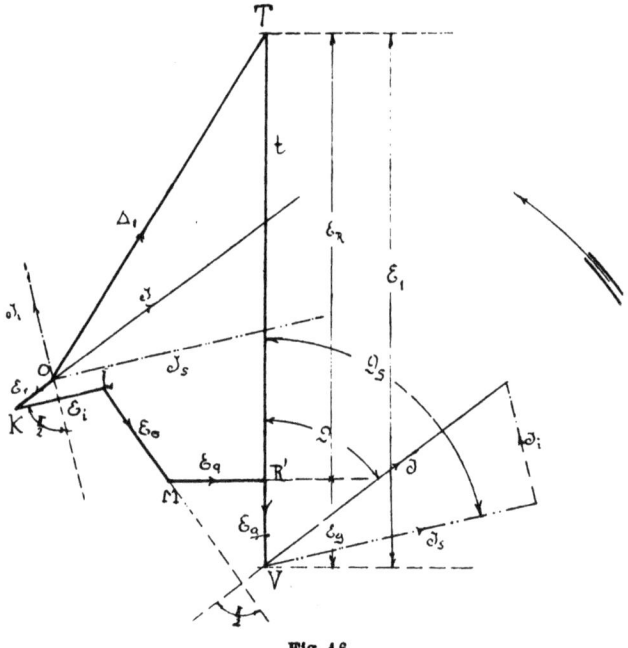

Fig. 16.

Diese wurden gefunden zu (S. 37):

$$AW_g{}' = \frac{\sqrt{2}}{\pi} \cdot 3 \frac{\sin \dfrac{a\pi}{2}}{\dfrac{a\pi}{2}} w_1 \cdot I_s \cdot \sin \vartheta_s = AW_g \sin \vartheta_s \qquad (74\,a)$$

Setzen wir nun die Kenntnis von ϑ, also von ϑ_s, für eine Weile voraus, dann läßt sich aus der Leerlaufcharakteristik die Spannung $R'T$ sofort entnehmen, denn sie gehört zu der Abszisse:

$$AW_R = AW_m - AW_g \sin \vartheta_s \quad . \quad . \quad . \quad . \quad (160)$$

Wir können also das Diagramm der Fig. 16 in der Fig. 17a angedeuteten Lage in Bezug auf die Leerlaufcharakteristik bringen. Es fällt dabei E_q in die Abszissenachse.

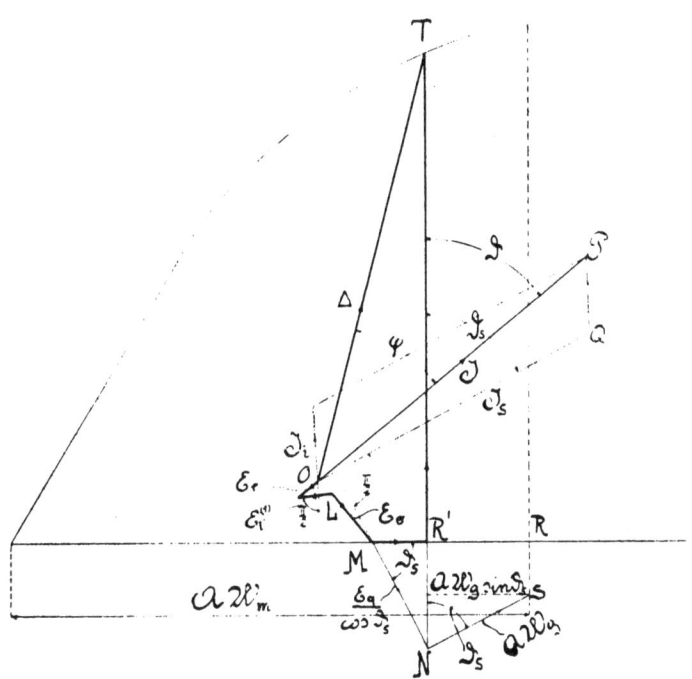

Fig. 17 a.

Fällen wir nun das Lot von M auf $I_s = OQ$, bis es die Richtung TR' schneidet im Punkte N, so wird die Strecke:

$$MN = \frac{MR'}{\cos \measuredangle NMR'} = \frac{E_q}{\cos \vartheta_s} = k_q \cdot I_s \quad . \quad . \quad (161)$$

Es ist also MN proportional I_s und unabhängig von der Kenntnis von ϑ_s.

Fällen wir nun aber das Lot von N auf MN, bis es die Ordinate, welche zu AW_m gehört, schneidet (S), dann entsteht das rechtwinklige Dreieck NSS'.

In diesem Dreieck ist:

$$SS' = AW_g \sin \vartheta_s;$$

außerdem:

$$\sphericalangle\, S'\, NS = \vartheta_s.$$

Daraus folgt:

$$NS = AW_g.$$

Die Strecke NS ist also ebenfalls unabhängig von ϑ_s und wiederum proportional I_s [vgl. Gl. (174)].

Es läßt sich also ein charakteristischer Linienzug angeben: $O\, K\, L\, M\, N\, S$.

Die einzelnen Teile dieses charakteristischen Linienzuges sind den betreffenden Strömen (I, I_i bzw. I_s) proportional, und entweder senkrecht zu oder in Phase mit ihnen. Bei Kenntnis des Phasenstromes und seine Komponenten läßt sich also dieser Linienzug sofort angeben. Die Lage dieses Linienzuges ist im Diagramm eine ganz bestimmte.

Es muß sich bewegen:

M auf der $R'R$-Richtung (Abszissenachse),
N auf der $R'T$-Richtung (auf dieselbe Ordinate wie T),
S auf der RS-Richtung (auf die Ordinate durch R).

Weiter ist:

$$OK = -\ r\ I$$
$$KL = +\, j\, k_i\ I_i$$
$$LM = +\, j\, k_a \cdot I$$
$$MN = +\, j\, k_q \cdot I_s$$
$$NS = \frac{AW_q}{I_s} \cdot I_s$$

Lassen wir nun $I_s = I_\varphi$ werden, dann wird $I_i = 0$ und damit $E_i = 0$; es fällt K in L.

Es verdeutlicht Fig. 17b diesen Fall, welcher nichts anderes wie den symmetrisch belasteten Generator darstellt. Daraus ersehen wir, daß der charakteristische Linienzug des symmetrisch belasteten Generators sich von demjenigen des unsymmetrisch belasteten Generators dadurch unterscheidet, daß die inverse Komponente fehlt. Dies ist jedoch nicht der Hauptunterschied, denn, wie schon öfters erwähnt, und wie aus dem praktischen Teil hervorgehen wird, ist diese Komponente immer sehr klein. Der Hauptunterschied ist dieser, daß beim unsymmetrisch belasteten Generator der charakte-

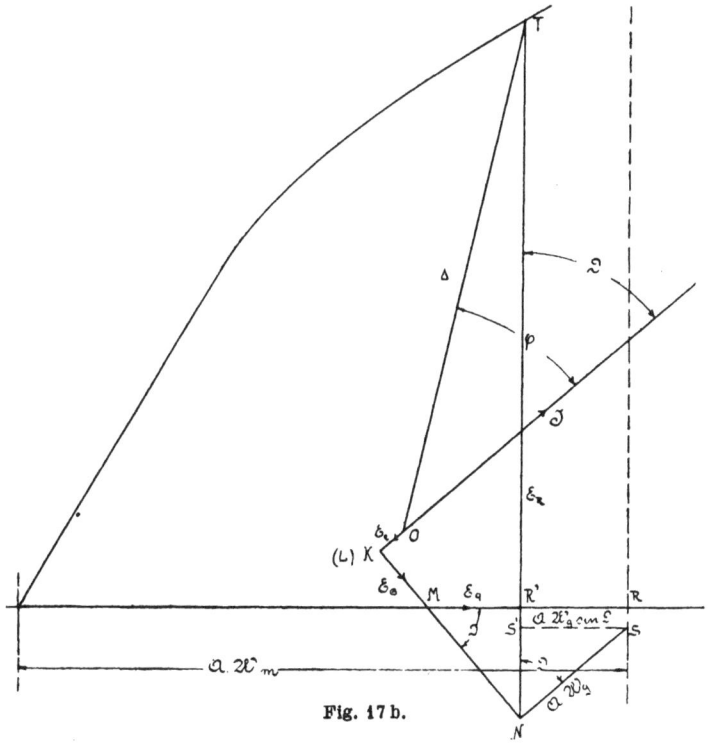

Fig. 17 b.

ristische Linienzug gebrochen ist, während er für symmetrische Belastung rechtwinkelig ist. Auch sind die einzelnen Teile des Linienzuges bei unsymmetrischer Belastung nicht mehr e i n e r Größe, dem Phasenstrome proportional, sondern den ihnen jeweils zugeordneten Strömen.

Unbeachtet dieser Unterschiede lassen sich alle Aufgaben, welche mittelst des charakteristischen Linienzuges in der Theorie des symmetrisch belasteten Generators gelöst werden können, in vollkommen identischer Weise für den unsymmetrisch belasteten Generator lösen. Denn die Lösung hängt dort weder von der Gestalt, noch von der Größe dieses Linienzuges ab, sondern nur von der Lage im Diagramm. Diese Lage nun ist beim symmetrisch wie beim unsymmetrisch belasteten Generator identisch. Von den vielen Aufgaben, welche mittelst des charakteristischen Linienzuges gelöst werden können, soll nur eine hier behandelt werden, und zwar diejenige, welche im praktischen Teil der Lösung bedarf.

Es seien gegeben die Erregung (AW_m) und die äußere Phasenverschiebung ($\cos \varphi$). Außerdem noch die drei unsymmetrischen Ströme. Präzisiert lautet die Aufgabe also:

Gegeben: I_1; I_2; I_3; φ_1; φ_2; φ_3; AW_m; die Reaktanzen.
Gesucht: Δ_1, Δ_2, Δ_3.
Lösung:

Mittelst I_1, I_2, I_3 können wir I_s und I_i bestimmen. Die Lösung werde nur für die Phase I ausgeführt (vgl. Fig. 17a).

Man entwerfe mittelst I_1, I_s, I_i und den Reaktanzen den charakteristischen Linienzug $OKLMNS$ auf Pauspapier. Nun markiere man die Ordinate der AW_m in der Leerlaufstatistik.

Auf dem Pauspapier trage man unter φ_1 gegen I_1 die Richtung von Δ_1 ab. Man bewege nun den Punkt S auf der Ordinate und M so lange auf der Abszissenachse der AW_m, bis die Verbindungslinie des Schnittpunktes T (die Richtung von Δ_1 mit der Leerlaufcharakteristik) und N senkrecht zu der Abszissenachse steht. Es ist dann OT die gesuchte Klemmenspannung nach Richtung und Größe und damit die gestellte Aufgabe gelöst.

Zusammenfassung.

Es läßt sich für den unsymmetrisch belasteten Generator ein ähnliches Diagramm angeben, wie Professor Ossanna dies für den Fall der symmetrischen Belastung angegeben hat (vgl. Starkstromtechnik, S. 517). Oder:

Das Diagramm für die symmetrische Belastung nach Prof. Ossanna erscheint als Spezialfall des »allgemeinen Diagrammes«.

B. Praktischer Teil.

§ 8. Die Versuchsanordnung nebst Konstantenbestimmung.

Versuchsanordnung:

Um die Übereinstimmung der Erkenntnis der vorigen Paragraphen mit der Wirklichkeit darzutun, wurde eine Reihe von Versuchen angestellt.

Die Versuchsmaschine, über deren wissenswerte Daten die Tabelle 3 Aufschluß gibt, wurde angetrieben von einem

Tabelle III.

Die Versuchsmaschine.

a	Leistung	W	5 KW
b	Periodenzahl	ν	50 Per./sek.
c	Spannung (verkettet)	$\varDelta$	120 Volt
d	Maximaler Strom	J	24 Amp.
e	Ankerradius	R	11,75 cm
f	Ankereisenlänge	L	21,50 cm
g	Polteilung	t_p	12,30 cm
h	Polpaarzahl	p	3
i	Polbedeckungsfaktor	α	0,75
j	Streuungskoeffizient der Magn.	σ_2	0,17
k	Mechanischer Luftraum . . .	δ	0,3 cm
l	Reduzierter Luftraum	δ''	0,335 cm
m	Nutenzahl pro Pol	z_0	6
n	Leiterzahl pro Nute	w	8
o	Zahl der parallelen Ströme . .	a	1
p	Feldfaktor des Gegenfeldes . .	c_g	0,975
q	Feldfaktor des Querfeldes . . .	c_q	0,525
r	Nutenzahl pro Pol und Phase .	z	2
s	Wicklungsfaktor der 1. Harm.	f_1	0,966
t	Windungszahl pro Phase . . .	w_1	15,48
u	Windungszahl pro Pol	w_2'	410
v	Ohmscher Widerst. pro Phase .	r	0,75 $\varOmega$

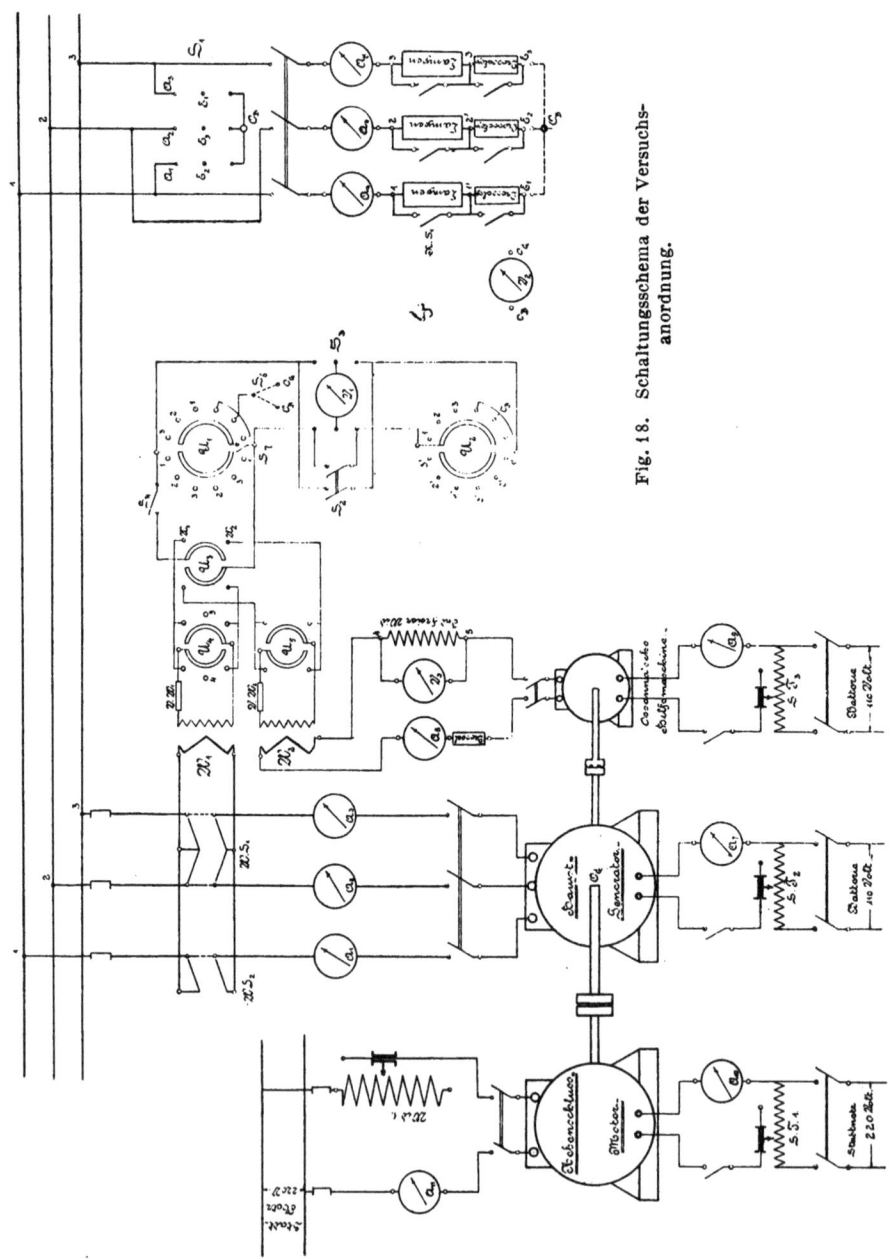

Fig. 18. Schaltungsschema der Versuchs-
anordnung.

am Stadtnetz liegenden Nebenschlußmotor. Sie war mit einer Ossannaschen Hilfsmaschine[1]) gekuppelt.

Die Hilfsmaschine hatte naturgemäß die gleiche Polzahl wie der Hauptgenerator und leistete bei 60 Volt eine Stromstärke von 2 Amp.

Die Belastung der Hauptmaschine wurde durch drei Lampenbatterien dargestellt. Die einzelnen Teile dieser Batterie waren beliebig abschaltbar. Hinter diesen Lampen waren Drosselspulen geschaltet, deren Kerne je nach Bedarf in das magnetische Feld vorgeschoben werden konnten. Mittelst Kurzschließer (KS_1 usw.) waren einzelne Teile ganz eliminierbar (vgl. Fig. 18).

Der Schalter S ermöglicht es, die Belastung nach Wunsch in Dreieck oder in Stern zu schalten. Nur im ersten Falle haben die Amperemeter A_4, A_5 und A_6 einen Sinn, da im letzteren Falle A_1, A_2 und A_3 die gleichen Beträge messen wie die Belastungsstromzeiger.

Der Voltmeterumschalter U_1 dient zur Messung von Phasenspannungen des Generators mittelst des Voltmeters V_1. Auf diesem Schalter können auch die Netzteilspannungen mittelst des Schalters S_3 geführt werden.

Die Phasenspannungen des Generators können mittels des Schalters S_6 sowohl gegen den eigenen wie gegen den Belastungsnullpunkt gemessen werden mit dem gleichen Voltmeter.

Alle Spannungen können auch zu Leistungsmessungen bzw. Hilfsmaschinenmessungen benutzt werden, indem sie mittels des Schalters U_3 über Kommutatoren ($U_4\ U_5$) entweder auf die Spannungsspule des Wattmeters I, oder auf diejenige des Wattmeters II geführt werden. Für die Netzspannungen geschieht dies mittels Schließens des Schalters S_2 und Öffnens des Schalters S_7.

Das Voltmeter V_2 dient zur Messung der Nullpunktsverschiebung zwischen Belastungs- und Generatornullpunkt.

---

[1]) Für die Wirkungsweise und Meßmethode der Ossannaschen Hilfsmaschine siehe Wengner, Seite 51, oder Handbuch der Elektrotechnik, Bd. I.

Schließlich verdient noch Erwähnung, daß zur Unterdrückung der höheren harmonischen Komponenten in den
Kreis der Hilfsmaschine eine Drosselspule eingeschaltet
wurde.

Konstantenbestimmung:

Zur Konstantenbestimmung wurden Leerlauf- und Kurz-
schlußcharakteristik aufgenommen (Fig. 20, S. 94).

Da die Konstanten die gleichen sind wie für symmetrische
Belastung, wird für die Bestimmung derselben auf die Starkstromtechnik, S. 518, verwiesen.

Die Konstante der Querreaktanz wurde nach Ossanna mittels der Hilfsmaschine bei $\vartheta = 0$ bestimmt, und zwar bei der
normalen Erregung, welche bei allen Versuchen konstant gehalten
wurde. (Es war: $i_m = 2,8$ Amp.) (Vgl. auch Wengner S. 75.)

Der Widerstand der Ankerwicklung wurde in betriebs-
warmem Zustande gemessen.

Auf eine experimentelle Bestimmung der inversen Reaktanz wurde verzichtet.

Mit 30% Wirbelstromdämpfung finden wir für $k_{i_g}{}^{(1)}$ aus
Gl. (136 a) den Wert 0,236 Ω.

Zusammengestellt sind die Konstanten:

$$AW_y = 15,22 \text{ Windungen pro Pol und Ampère (Vgl. Gl. 74b S. 38)}$$
$$k_0 = 0,384 \ \Omega \text{ pro Phase (Vgl. Gl. 95b S. 45)}$$
$$k_q = 0,612 \ \Omega \text{ pro Phase (Vgl. Gl. 87c S. 43)}$$
$$k_{i_g}{}^{(1)} = 0,236 \ \Omega \text{ pro Phase (Vgl. Gl. 136a S. 57)}$$
$$r = 0,075 \ \Omega \text{ pro Phase (Vgl. Gl. 96 S. 45).}$$

Die betreffenden Gleichungen wurden angegeben für den
Fall, daß die fertige Maschine nicht vorliegt und also die Konstanten nicht experimentell bestimmt werden können. Die
Übereinstimmung der gerechneten und der experimentell
ermittelten Konstanten ist befriedigend.

Zusammenfassung:

Es wird die Schaltanordnung für die Ermittlung des
Spannungsabfalles bei unsymmetrischer Belastung beschrieben
und die Konstanten der Versuchsmaschine angegeben.

§ 9. Bestimmung der Klemmenspannungen bei gegebenen Netzkonstanten.

Am Schluß des § 7 ersahen wir, wie man aus drei Strömen und noch einer weiteren Angabe, z. B. cos φ, die Spannungsabfälle ermitteln kann, wenn AW_m bekannt. In der Praxis wird die Frage jedoch meistens nicht in dieser Form vorliegen, sondern man wird darüber eine Untersuchung anstellen wollen, wie bei einer konstanten gegebenen Erregung, ein Generator sich bei plötzlichen Belastungsänderungen in den einzelnen Zweigen verhält.

Unser Augenmerk wird sich also darauf richten, aus den bekannten Netzkonstanten die vier verlangten Größen zu bestimmen, nämlich I_1, I_2, I_3 und cos φ, bei konstanter Erregung.

Wir wollen bei den folgenden Besprechungen immer von einer Sternschaltung der Belastung reden, da diese Belastungsschaltung am leichtesten zum Ziele führt. Liegt eine Dreieckschaltung vor, so kann man sie mittels Transfiguration immer in eine Sternschaltung verwandeln.

Wären die gesuchten, verketteten Spannungen bekannt, so wäre die Ermittlung der Ströme ein Leichtes. Wären aber die Ströme bekannt, so könnte man leicht die verketteten Spannungen bestimmen. Um aus diesem Circulus vitiosus zu gelangen, machen wir Gebrauch von einem Annäherungsverfahren, dessen Grundgedanke folgender ist:

Wir denken uns die Belastung an eine symmetrische Spannung gelegt. Nach einem nachher zu erläuternden Verfahren läßt sich bei Kenntnis der Impedanzen bzw. der Admittanzen der Phasen der Belastung die Lage des Belastungsnullpunktes angeben.

Kennen wir nun die Phasenspannungen der Belastung, während die Phasenimpedanzen bzw. Phasenadmittanzen gegeben sind, so lassen sich sofort die Phasenströme nach Richtung und Größe angeben. Wir betrachten für diese Überlegungen auch die Impedanzen bzw. Admittanzen als gerichtete Größen, und erhalten demzufolge den Phasenstrom durch Multiplikation einer Phasenspannung mit der betreffenden Phasenadmittanz

auf vektorielle Art. Es sind also die Ströme in erster Annäherung sowohl nach Richtung wie nach Größe bekannt.

Konstruieren wir nun mit diesen soeben ermittelten Größen
bei bekannter Erregung AW_m die drei Diagramme, wie dies
im § 7, S. 82, angegeben ist, so erhalten wir drei Phasenspannungen und damit auch die drei verketteten Spannungen.

Diese drei verketteten Spannungen werden nun im allgemeinen mit den angenommenen nicht genau übereinstimmen,
schon deshalb nicht, weil wir symmetrische Spannungen angenommen haben und unsymmetrische erhalten. Man müßte
mit den soeben erhaltenen angenäherten verketteten Spannungen
den Konstruktionsgang wiederholen, bis die zuletzt ermittelten verketteten Spannungen mit den vorhergehenden Spannungen übereinstimmen.

Es wird sich jedoch zeigen, daß man mit einer einmaligen
graphischen Ermittlung der Ströme auskommt und daß man
mittelst einfacher Multiplikation weiter annähern kann.

Dieser große Vorteil hängt mit der Art der Annahme
zusammen. Der Ausgangspunkt unserer Überlegung war
nämlich dieser, daß wir die Belastung an eine symmetrische
Spannung anlegten. Dieses trifft nun in Wirklichkeit nicht zu.
Die verketteten Spannungen werden kein gleichseitiges Dreieck
bilden, wie dies bei Symmetrie der Fall ist, sondern ein will-
kürliches. Eine Phase kann aber ihre Phasenspannung nicht
in beliebigen Grenzen ändern, sie wird sich immer bewegen
zwischen den äußersten Grenzen des Leerlaufes bis zur Vollast.
Diese Änderung beträgt nun aber bei modernen Maschinen
10 bis 15%. Die verketteten Spannungen werden also mit
höchstens derselben Abweichung ein gleichseitiges Dreieck
bilden, also praktisch dem angenommenen Dreieck mit großer
Annäherung ä h n l i c h sein.

Allerdings, die absolute Größe der Dreieckseiten müssen
wir schätzen. Es wird sich nun aber zeigen, daß auch eine
sehr schlechte Schätzung durch Multiplikation korrigiert werden kann. Zuerst soll aber nun das Verfahren zur Bestimmung
des Nullpunktes eines Sternsystems bei bekannten Impedanzen
bzw. Admittanzen erläutert werden. Man betrachte das Dreieck der verketteten Spannungen (vgl. Fig. 19 b) als starren

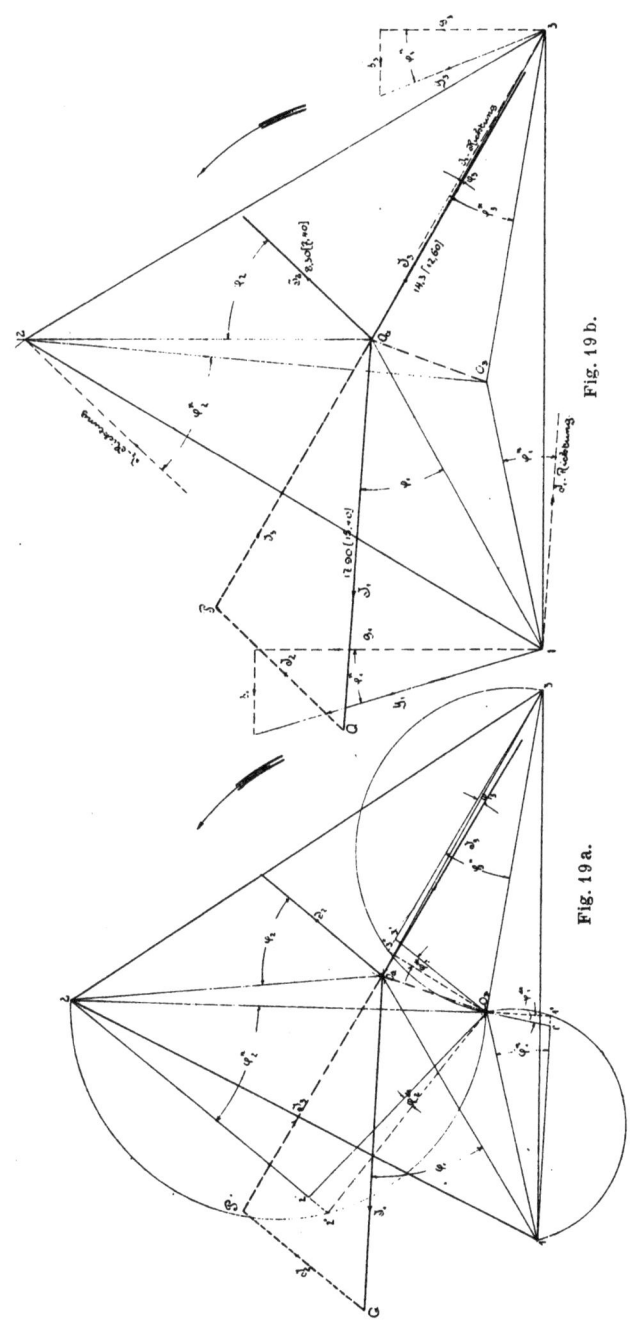

Fig. 19 b.

Fig. 19 a.

Körper. Man lasse nun an den Eckpunkten die drei bekannten Admittanzen als gerichtete Kräfte angreifen. Der Momentenpunkt dieser Kräfte ist der gesuchte Nullpunkt der Belastung (vgl. Arnold, 1. Bd., S. 290).

Mit dem Nullpunkt der Belastung haben wir nun aber ohne weiteres die Ströme nach Richtung und Größe ermittelt.

In Fig. 19 b ist das Dreieck 1, 2, 3 das symmetrische Spannungsdreieck, an welches wir uns die Belastung gelegt denken. Es sind Y_1, Y_2, Y_3 die gegebenen gerichteten Netzadmittanzen. Mittels Seilpolygon oder durch Rechnung wird nun der Punkt O_B bestimmt. Für die angenommene symmetrische Klemmenspannung liegt der Nullpunkt des Generators (O_G) im Schwerpunkt des gleichseitigen Dreiecks. Da wir nun durch die Phasenadmittanzen die Phasenverschiebung im Netz (φ_1^n) kennen, können wir die Stromrichtung eintragen. Durch Einzeichnen dieser Stromrichtung im Nullpunkt des Generators erhalten wir die äußere Phasenverschiebung im Generator. Hier nun zeigt sich der große Vorteil dieser Methode. Das tatsächliche verkettete Spannungsdreieck ist mit großer Annäherung dem angenommenen ähnlich. Es bleibt der Punkt O_B für j e d e Wahl der verketteten Spannungen fest. Dies kommt mechanisch darauf hinaus, daß man behaupten kann: Greifen drei Kräfte an einem gleichseitigen Dreieck an, oder an einem ihm ähnlichen, oder an einem durch Unsymmetrie unwesentlich von ihm verschiedenen, so bleibt der Momentenpunkt fest.

Es ändern sich durch die Wahl der verketteten Spannungen bei gleichen Admittanzen die Phasenspannungen proportional den angenommenen verketteten Spannungen und damit auch die Phasen s t r ö m e. Die Phasen v e r s c h i e b u n g e n im Netz sowie im Generator sind überhaupt unabhängig von der Schätzung, da alles winkeltreu ist. Da nun aber die Phasenverschiebungen des Generators ausschlaggebender sind für das Diagramm wie die Phasenströme (natürlich in gewissen Grenzen), so ist diese Eigenschaft von großer Wichtigkeit.

Da nun aber die Ströme sich als proportional den angelegten verketteten Spannungen erwiesen haben, müssen auch ihre

Komponenten dieser Größe proportional sein. Bestimmt man also mit den ermittelten Strömen und Generatorphasenreaktanzen den charakteristischen Linienzug, dann kann dieser, wie aus dem Vorigen einleuchtet, höchstens um denselben Betrag falsch sein wie die verketteten Spannungen dies sein können, also um 10 bis 15%. Daß auch in diesem Fall recht gute Resultate erreicht werden müssen, ist selbstverständlich. Da die Ströme sich proportional ändern, kann man, falls sich die ermittelten Spannungen als sehr abweichend gegenüber den angenommenen erweisen, diese durch einfache Multiplikation mit dem Quotienten aus dem Mittel der erhaltenen Spannungen zu der angenommenen Spannung korrigieren. Diese Ströme werden dann praktisch mit den tatsächlich gemessenen übereinstimmen, wie dies im nächsten Paragraphen auch gezeigt wird.

Zusammenfassung:

Es wird ein Annäherungsverfahren gezeigt aus bekannten Netzkonstanten, die Phasenströme zu ermitteln. Es ergeben sich gleichzeitig die äußeren Phasenverschiebungswinkel im Generator mit großer Genauigkeit.

---

§ 10. Behandlung eines konkreten Falles.

Von den vielen Versuchen, welche mit einer unsymmetrischen Belastung gemacht wurden, soll nun hier eins vorgeführt werden.

Es wurde absichtlich eine nicht allzu große Unsymmetrie genommen, um die Ergebnisse nicht zu günstig zu gestalten. Es fallen bei kleineren Unsymmetrien die Ungenauigkeiten viel mehr ins Gewicht. Es beweist also eine Übereinstimmung der Resultate mit der Theorie mehr. Meistens wird sich auch in der Praxis die Untersuchung auf die Frage erstrecken, ob g e r a d e dieser Fall noch zulässig sei. Die Ergebnisse der einzelnen Messungen sind in Tabelle IV zusammengestellt. Sie sind das Mittel aus vier Messungen, welche mit einer Viertelstunde Zwischenraum abgelesen wurden, nachdem der Beharrungszustand sich eingestellt hatte.

Die Erregung war 2,8 Amp.

Es wurden: ϑ, φ und α nach dem Ossannaschen Meßverfahren bestimmt (vgl. Wengner, S. 51).

Tabelle IV.

$i_m = 2,8$ Amp.

I_1	I_2	I_3	E_{0g-0B}	E_{0g-1}	E_{0g-2}	E_{0g-3}	E_{1-2}	E_{2-3}	E_{3-1}
15,4	7,4	12,6	26,4	71,9	73,8	76,0	123,8	131,7	126,7

E_{0B-1}	E_{0B-2}	E_{0B-3}	E_{0B-1}'	E_{0B-2}'	E_{0B-3}'	E_{1-1}'	E_{2-2}'	E_{3-3}'	W_{1-0}
108	97,7	74,8	15,3	59,7	27,0	50,0	72,3	66,8	920

W_{2-0}	W_{3-0}	W_{1-2}^{I}	W_{1-2}^{II}	W_{2-3}^{II}	W_{2-3}^{III}	W_{1-3}^{I}	W_{1-3}^{III}	W_{dr}^{I}	W_{dr}^{II}
412	967	− 770	+ 925	− 326	1528	1989	− 1382	37,6	37,4

W_{dr}^{III}	α_1	φ_1	ϑ_1	α_2	φ_2	ϑ_2	α_3	φ_3	ϑ_3
37,8	7° 31'	33° 56'	41° 27'	4° 9'	44° 1'	48° 10'	10° 51'	− 0° 23'	10° 28'

Unter W_{1-2}^{I} wird diejenige gedachte Wattleistung verstanden, welche durch Projektion des Stromvektors I_1 auf den Spannungsvektor E_{1-2} entsteht. Gemessen wurde diese Leistung, indem mittels des Umschalters U_1 die Spannung E_{1-2} auf die Spannungsspule, und mittels WS_1 der Strom I_1 auf die Stromspule des Wattmeters W_1 geleitet wurde.

Die Netzkonstanten wurden nun folgendermaßen bestimmt (Fig. 19 a).

Mittels den gemessenen, verketteten Spannungen läßt sich das Dreieck 1, 2, 3 sofort aufzeichnen, die Generatorphasenspannungen bestimmen den Punkt O_G, die Netzphasenspannungen den Punkt O_B. Probe für die Genauigkeit der Messung ist, daß sich je drei Kreise in einem Punkt schneiden müssen.

Ebenfalls kann die Nullpunktsverschiebung zwischen Generator und Belastung aus der Zeichnung abgelesen und verglichen werden mit der gemessenen.

Es besteht nun z. B. die Spannung 1 - O_B aus zwei Teilen, nämlich der induktionslosen Lampenspannung und der Drosselspulenspannung 1 - $1'$. Hätte die Drosselspule keinen Wattverbrauch, so würde $1'$ auf einem Halbkreis über 1 - O_B liegen. (vgl. Fig. 19a.)

Dies ist nicht der Fall, und die Strecke $1'$ - $1''$ gibt die Wattkomponente der Drosselspulenspannung an. Aus dieser und der gemessenen Stromstärke kann dann die Wattleistung zur Kontrolle und zum Vergleich gerechnet werden.

Mit 1 - $1'$ liegt aber auch die Richtung von I_1 fest und mit ihr ist die äußere Phasenverschiebung des Generators bekannt.

Zeichnet man nun die drei Ströme, deren Größe gemessen wurde, ein, so liefert der Linienzug $O\,Q\,P$ eine weitere Kontrolle, indem er sich schließen muß.

Da wir aber auch die Phasenverschiebung im Netz kennen, lassen sich sofort die Komponenten der Totaladmittanz einer Phase angeben:

$$\text{Totaladmittanz Phase I} = y_1 = \frac{I_1}{O_B\text{-}1}$$

$$\text{Konduktanz} \quad \text{Phase I} = g_1 = y_1 \cos \cdot \varphi_1{}^n$$

$$\text{Suszeptanz} \quad \text{Phase I} = b_1 = y_1 \sin \cdot \varphi_1{}^n.$$

Wir erhalten dann die Netzkonstanten, und damit ist der Ausgangspunkt der Bestimmung der Spannungen gegeben.

Um nun von vornherein die Ergebnisse nicht zu günstig zu gestalten, wollen wir die schlechteste Schätzung noch überbieten. Hätte man keine Ahnung des Belastungszustandes, so könnte man die Leerlaufspannung als äquivalente Klemmenspannung nehmen. Wir würden bei 2,8 Amp. Erregung; dann

80 Volt Phasenspannung aus der Leerlaufcharakteristik (Fig. 20)
entnehmen. Wir wollen nun die Belastung an 82 Volt symmetrische Phasenspannung legen. Wir konstruieren in Fig. 19 b
das Dreieck 1, 2, 3. Mittels zweier Seilpolygone (wegen der
Deutlichkeit fortgelassen) wurde nun O_B für die Kräfte Y_1, Y_2
und Y_3 ermittelt.

Mit den jetzt erhaltenen Phasenspannungen des Netzes
und den bekannten Netzadmittanzen lassen sich nun sofort

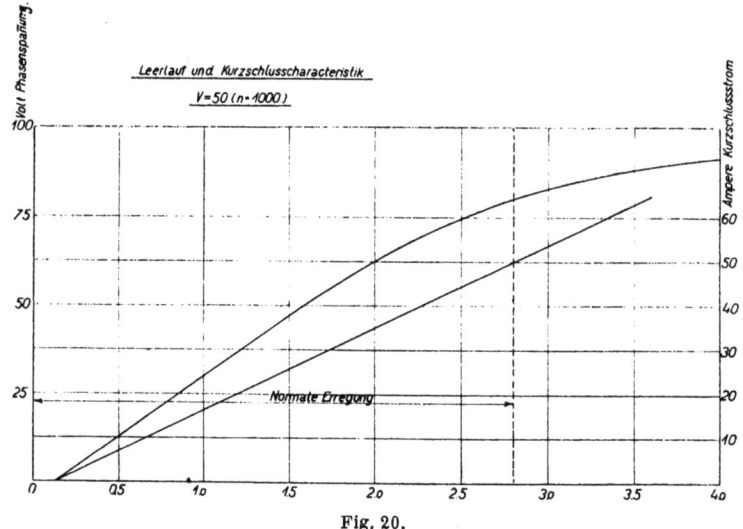

Fig. 20.

die Stromrichtungen angeben. Die numerische Größe erfolgt
aus einer Multiplikation der ermittelten Netzspannung mit
der betreffenden Admittanz.

Nun sind aber auch die Phasenverschiebungen im Gene-
rator bekannt. Die Tabelle zu Fig. 22 ergibt die erreichte
Übereinstimmung zwischen Annäherung und Messung. Eine
Kontrolle für die Richtigkeit der Konstruktion des Nullpunktes
ist das Schließen des Linienzuges $O\,Q^a\,P^a$, wobei das a das
Wort angenähert ersetzt. Es beruht die Konstruktion des
Momentenpunktes ja darauf, daß die Summe der Phasen-
ströme Null sein muß.

In Fig. 21 wurden nun die synchronen und die inversen
Komponenten der direkt gemessenen und der angenäherten

Ströme ermittelt. Die im vorigen Paragraphen erwähnte Proportionalität ist ins Auge springend, der tatsächlich gemessene Linienzug und der angenäherte sind ähnlich (vgl. Fig. 21).

Tabelle V.

	I_1	I_2	I_3	I_s	I_i	ϑ_s	ϑ_{i1}
Nach direkter Messung	15,4	7,4	12,6	11,3	4,7	$- 10^0 30'$	$25^0 20'$

	I_1	I_2	I_3	I_s	I_i	$\vartheta_s{}'$	$\vartheta_{i1}{}'$
Nach der Annäherung	17,9	8,3	14,3	12,8	5,7	$- 9^0 30'$	$21^0 45'$

Für die angenäherten wie für die direkten Ströme wurde nun nach den bekannten Disziplinlinien des § 7, S. 82, das Diagramm für eine jede Phase durch Aufzeichnung auf Paus-

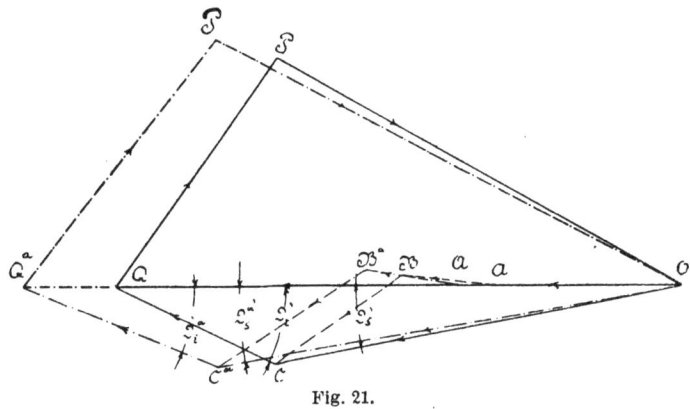

Fig. 21.

papier und Schieben auf der Leerlaufcharakteristik entworfen, nachdem mittelst der bekannten Ströme und ihrer Komponenten die Spannungen für den charakteristischen Linienzug bestimmt wurden.

Da nun die Leerlaufcharakteristik aus der Abhängigkeit der Leerlaufspannung zum Erregerstrom aufgenommen wurde, müssen wir auch die Gegenamperewindungen als Strom (i_g) angeben.

Wir erhalten diesen Betrag, indem wir den Wert der AW_g der Gl. (74 b), S. 38, durch die Windungszahl dividieren.

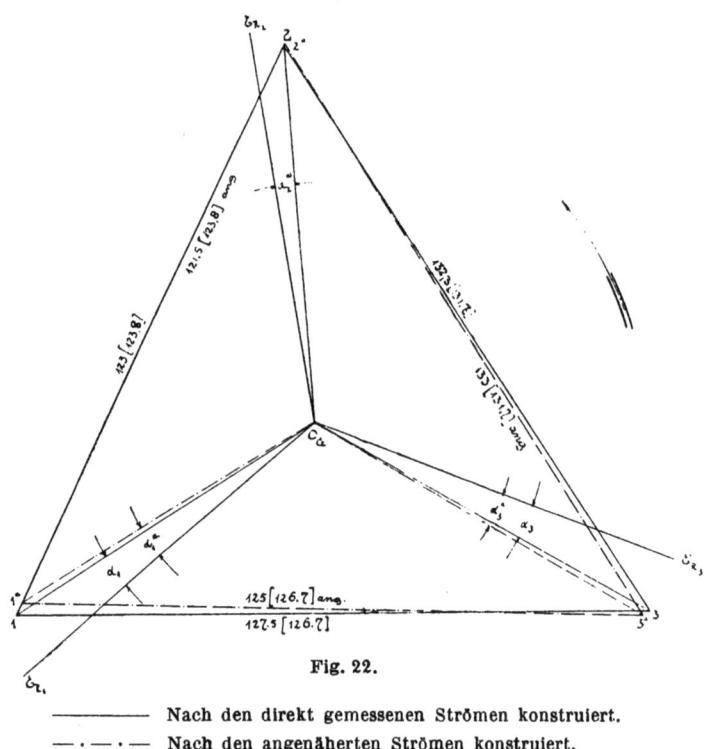

Fig. 22.

——————— Nach den direkt gemessenen Strömen konstruiert.
— · — · — Nach den angenäherten Strömen konstruiert.

Die ermittelten Spannungen geben die Wirklichkeit mit sehr großer Annäherung wieder; die angenäherten Diagramme stehen hierin den direkten nicht nach, trotz der sehr ungünstigen Voraussetzungen.

Als Proben dienen die Übereinstimmungen der E_R und i_g, welche alle untereinander gleich sein müssen.

In Fig. 22 wurden nun die ermittelten Phasenspannungen in ihren Richtungen aufgetragen, und die Tabelle V sowie V a geben Aufschluß über die Genauigkeit, mit welcher die verketteten Spannungen und die Ströme, sowohl nach der ersten Annäherung wie nach den direkt gemessenen Strömen, ermittelt wurden.

Tabelle Va.

	E_{1-0}	E_{2-0}	E_{3-0}	E_{1-2}	E_{2-3}	E_{3-1}
Direkt gemessen	71,9	73,8	76,0	123,8	131,7	126,7
Mit den gemessenen Strömen .	71,2	74,0	76,5	123,0	132,3	127,5
Mit den angenäherten Strömen .	69,0	74,0	76,0	121,5	133,0	125,0

Die größte Abweichung bei den direkten Werten ist:

$$\frac{127,5 - 126,7}{126,7} = 0,63\,^0/_0.$$

Der gemessene größte Spannungsunterschied ist 7,9 Volt, nach den direkt ermittelten Strömen 9,3 Volt, nach den in erster Annäherung erhaltenen Strömen 11,5 Volt. Hätte man nun das Mittel genommen aus den in Annäherung erhaltenen verketteten Spannungen, so hätte man erhalten für verkettete symmetrische Spannung: 126,5 Volt. Die angenommene Spannung war 141,7 Volt. Multiplizieren wir nun die ermittelten Ströme mit $\frac{126,5}{141,7}$, dann erhalten wir:

$$I_1 = 15,9 \text{ Amp.}; \quad I_2 = 7,39 \text{ Amp.}; \quad I_3 = 12,7 \text{ Amp.}$$

statt:

$$I_1 = 15,6 \text{ Amp.}; \quad I_2 = 7,40 \text{ Amp.}; \quad I_3 = 12,6 \text{ Amp.}$$

Es ist selbstredend, daß diese Werte praktisch identisch sind mit den gemessenen Strömen und also auf das Resultat der direkten Messung führen müssen.

Aus den vielen anderen ausgewerteten Fällen geht hervor, daß fast immer die erste Annäherung zu praktisch genügend genauen Resultaten führt.

Die Übereinstimmung der so ermittelten Werte mit den Messungen sprechen also für die hier in dieser Arbeit entwickelten Theorien. Der stetige Vergleich mit dem schon bekannten Einphasengenerator nebst dem Spezialfall dieser Theorie, dem symmetrisch belasteten Generator, ließ dies schon vermuten. Es sei hier erwähnt, daß die Bestimmung des Spannungszustandes aus den Netzkonstanten und der Erregung des schwierigsten Fall darstellt und alle anderen Fälle sich mehr oder wenig einfacher lösen lassen.

Inhalts-Verzeichnis.

———